运镜师手册

手册

短视频拍摄与脚本设计
从入门到精通

运镜师技能树

景别设备选择
镜头脚本创作
推镜头运镜
拉镜头运镜
移镜头运镜
摇镜头运镜
跟镜头运镜
环绕镜头运镜
旋转镜头运镜
升降镜头运镜
转接运镜
组合运镜
特殊运镜

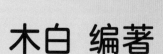

U0180751

木白 编著

北京大学出版社
PEKING UNIVERSITY PRESS

内 容 提 要

运镜也叫运动镜头，在短视频拍摄中，摄影师或摄像师需要充分利用自己所掌握的镜头运动技能，用手机拍摄出满足各种视觉表现的镜头效果。除了通常的推、拉、摇、移、跟、升、降、旋转和环绕等基础技法外，还有哪些高级的运镜技法呢？如何才能成长为一名优秀的运镜师呢？本书将为你介绍运镜师需要掌握的众多技能，并配有 100 多集超值的视频课程讲解。

本书共 11 章，主要内容包括拍摄设备与取景构图、如何正确运镜、如何创作拍摄脚本、9 种简单实用运镜、18 种基础转接运镜、21 种常见组合运镜、17 种复杂运镜技巧、10 种大神运镜玩法，以及风光类运镜实战、商业类运镜实战和人物类运镜实战等。书中既讲解了选择拍摄设备和取景构图的方法、又介绍了运镜的方式和设计脚本的思路，还详细拆解了 70 多个运镜实战拍摄技巧，帮助读者快速掌握短视频的脚本设计和运镜拍摄技巧，在最短的时间从新手迅速成长为脚本设计和短视频拍摄高手！

本书理论简明易懂、案例丰富实用，适合零基础入门运镜拍摄的读者、热爱拍摄短视频的 Vlog 博主、个人自媒体用户、专业拍摄风光和人像等内容的摄影发烧友及各行各业的短视频运营者阅读，也适合从事视频拍摄的工作人员阅读，同时还可以作为学校与短视频、影视拍摄相关专业的学习教材。

图书在版编目（CIP）数据

运镜师手册：短视频拍摄与脚本设计从入门到精通/木白编著 . — 北京：北京大学出版社，2023.3

ISBN 978-7-301-33659-5

Ⅰ . ①运… Ⅱ . ①木… Ⅲ . ①摄影技术②视频制作 Ⅳ . ① TB8 ② TN948.4

中国版本图书馆 CIP 数据核字（2022）第 255129 号

书　　　名	**运镜师手册：短视频拍摄与脚本设计从入门到精通**	
	YUNJINGSHI SHOUCE: DUANSHIPIN PAISHE YU JIAOBEN SHEJI CONGRUMEN DAO JINGTONG	
著作责任者	木　白　编著	
责 任 编 辑	刘　云	
标 准 书 号	ISBN 978-7-301-33659-5	
出 版 发 行	北京大学出版社	
地　　　址	北京市海淀区成府路 205 号　100871	
网　　　址	http://www. pup. cn　　新浪微博：@ 北京大学出版社	
电 子 信 箱	pup7@ pup. cn	
电　　　话	邮购部 010-62752015　发行部 010-62750672　编辑部 010-62570390	
印 刷 者	北京宏伟双华印刷有限公司	
经 销 者	新华书店	
	787 毫米 ×1092 毫米　16 开本　13.5 印张　367 千字	
	2023 年 3 月第 1 版　2023 年 3 月第 1 次印刷	
印　　　数	1-4000 册	
定　　　价	89.00 元	

前　　言

关于本系列图书

感谢您翻开本系列图书。

面对众多的短视频制作与设计教程图书，或许您正在为寻找一本技术全面、参考案例丰富的图书而苦恼，或许您正在为不知该如何进入短视频行业学习而踌躇，或许您正在为不知自己能否做出书中的案例效果而担心，或许您正在为买一本靠谱的入门教材而仔细挑选，或许您正在为自己进步太慢而焦虑……

目前，短视频行业的红利和就业机会汹涌而来，我们急您所急，为您奉献一套优秀的短视频学习用书——"新媒体技能树"系列，它采用完全适合自学的"教程 + 案例"和"完全案例"两种形式编写，兼具技术手册和应用技巧参考手册的特点，随书附赠的超值资料包不仅包含视频教学、案例素材文件、PPT 教学课件，还包含针对新手特别整理的电子书《剪映短视频剪辑初学 100 问》、103 集视频课《从零开始学短视频剪辑》，以及对提高工作效率有帮助的电子书《剪映技巧速查手册：常用技巧 70 个》。此外，每本书都设置了"短视频职业技能思维导图"，以及针对教学的"课时分配"和"课后实训"等内容。希望本系列图书能够帮助您解决学习中的难题，提高技术水平，快速成为短视频高手。

● 自学教程。本系列图书中设计了大量案例，由浅入深、从易到难，可以让您在实战中循序渐进地学习到软件知识和操作技巧，同时掌握相应的行业应用知识。

● 技术手册。书中的每一章都是一个小专题，不仅可以帮您充分掌握该专题中提及的知识和技巧，而且举一反三，带您掌握实现同样效果的更多方法。

● 应用技巧参考手册。书中将许多案例化整为零，让您在不知不觉中学习到专业案例的制作方法和流程。书中还设计了许多技巧提示，恰到好处地对您进行点拨，到了一定程度后，您可以自己动手，自由发挥，制作出相应的专业案例效果。

● 视频讲解。每本书都配有视频教学二维码，您可以直接扫码观看、学习对应本书案例的视频，也可以观看相关案例的最终表现效果，就像有一位专业的老师在您身边一样。您不仅可以使用本系列图书研究每一个操作细节，还可以通过在线视频教学了解更多操作技巧。

系列图书品种

在目前众多的剪辑与后期软件中，剪映作为抖音官方免费剪辑与后期制作软件，以其功能强大、易用的特点，在短视频及相关行业深受越来越多的人喜欢，逐渐开始从普通使用转为专业使用，使用其海量的优质资源，用户可以创作出更有创意、视觉效果更优秀的作品。为此，笔者特意策划了本系列图书，希望能帮助大家深入了解、学习、掌握剪映在行业应用中的专业技能。本系列图书包含以下 7 本：

❶《运镜师手册：短视频拍摄与脚本设计从入门到精通》

❷《剪辑师手册：视频剪辑与创作从入门到精通（剪映版）》

❸《调色师手册：视频和电影调色从入门到精通（剪映版）》

❹《音效师手册：后期配音与卡点配乐从入门到精通（剪映版）》

❺《字幕师手册：短视频与影视字幕特效制作从入门到精通（剪映版）》

⑥《特效师手册：影视剪辑与特效制作从入门到精通（剪映版）》

⑦《广告师手册：影视栏目与商业广告制作从入门到精通（剪映版）》

本系列图书特色鲜明。

一是细分专业：对短视频最热门的 7 个维度——运镜（拍摄）、剪辑、调色、音效、字幕、特效、广告进行深度研究，一本只专注于一个维度，垂直深讲！

二是实操实战：每本书设计 50 ～ 80 个案例，均精选自抖音上点赞率、好评率最高的案例，分析制作方法，讲解制作过程。

三是视频教学：笔者对书中的案例录制了高清语音教学视频，读者可以扫码看视频。同时，每本书都赠送所有案例的素材文件和效果文件。

四是双版讲解：不仅讲解了剪映电脑版的操作方法，同时讲解了剪映手机版的操作方法，让读者阅读一套书，同时掌握剪映两个版本的操作方法，融会贯通，学得更好。

短视频职业技能思维导图：运镜师

本书内容丰富、结构清晰，现对要掌握的技能制作思维导图加以梳理，如下所示。

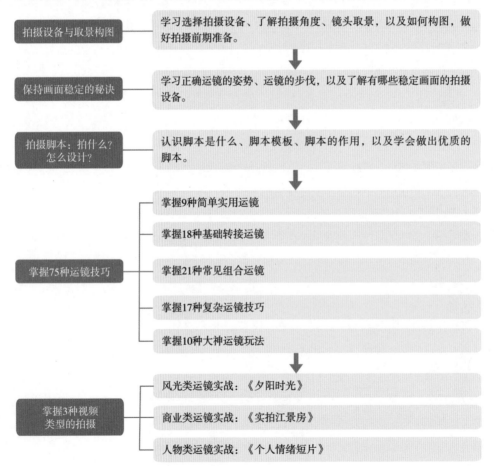

课程安排建议

本书是以上系列中的一本，为《运镜师手册：短视频拍摄与脚本设计从入门到精通》，在学习中，课时分配具体如下（教师可以根据自己的教学计划对课时进行适当调整）：

章节内容	课时分配	
	教师讲授	学生上机实训
第1章 前期准备：拍摄设备与取景构图	30 分钟	0 分钟
第2章 运镜方式：保持画面稳定的秘诀	30 分钟	30 分钟
第3章 拍摄脚本：拍什么？怎么设计？	30 分钟	0 分钟
第4章 运镜入门：9 种简单实用运镜	40 分钟	40 分钟
第5章 运镜提高：18 种基础转接运镜	80 分钟	80 分钟
第6章 运镜能手：21 种常见组合运镜	90 分钟	90 分钟
第7章 运镜高手：17 种复杂运镜技巧	80 分钟	80 分钟
第8章 运镜大师：10 种大神运镜玩法	40 分钟	40 分钟
第9章 风光类运镜实战：《夕阳时光》	30 分钟	30 分钟
第10章 商业类运镜实战：《实拍江景房》	30 分钟	30 分钟
第11章 人物类运镜实战：《个人情绪短片》	30 分钟	30 分钟
合计	8.5 小时	7.5 小时

温馨提示

在编写本书时，笔者是基于当前设备界面截取的实际操作图片，但书从编辑到出版需要一段时间，在这段时间里，相关界面与功能会有调整与变化，比如有的内容删除了，有的内容增加了，这是设备开发商做的更新，很正常，请在阅读时，根据书中的思路，举一反三，进行学习即可，不必拘泥于细微的变化。

素材获取

读者可以用微信扫一扫右侧二维码，关注官方微信公众号，输入本书 77 页的资源下载码，根据提示获取随书附赠的超值资料包的下载地址及密码。

观看《字幕师手册》视频教学，请扫码：

观看 103 集视频课《从零开始学短视频剪辑》，请扫码：

作者售后

本书由木白编著，参与编写的人员有邓陆英，提供视频素材和拍摄帮助的人员还有向小红等，在此表示感谢。

由于作者知识水平有限，书中难免有错误和疏漏之处，恳请广大读者批评、指正，联系微信：157075539。如果您对本书有所建议，也可以给我们发邮件：guofaming@pup.cn。

木白

目　录

第 1 章 前期准备：
拍摄设备与取景构图

　　作为一名运镜师，在进行拍摄之前，需要准备好拍摄设备。由于运镜拍摄不同于固定镜头拍摄，所以对于画面的稳定性有一定的要求。当然，有了设备不一定就能拍出理想的画面，在拍摄时还要讲究取景构图，让画面更美观，甚至要达到使视频中的每一帧画面都像是一幅摄影作品的目标。这些都对运镜师的拍摄水平有了更高的要求。

1.1 选择拍摄设备

在进行运镜拍摄时，最主要的设备就是手机。目前手机的镜头处理越来越成熟了，有些甚至能媲美一些相机，所以用手机进行运镜拍摄也是最方便的。当然，除了手机，还需要一些额外的设备来辅助拍摄。

1.1.1 如何用手机拍摄高清画面

低画质的视频，会让观众失去观看的兴趣。如何用手机拍摄出高清的画面呢？下面将介绍几个细节，让大家在之后的运镜拍摄中，提前做好准备。

1. 选择拍摄性能更好的手机

在选择手机时，可以主要关注手机的视频分辨率规格、视频拍摄帧速率、防抖性能、对焦能力、电池容量及存储空间等因素，尽量选择一款拍摄画质稳定、流畅，并且可以方便地进行后期拍摄创作的智能手机。

例如，HUAWEI P50 Pro 采用高通骁龙 888 芯片，并搭配了原色双影像单元，后置摄像头和前置摄像头都支持 4K（3840×2160 分辨率）视频的录制，同时还支持 AIS（AI Image Stabilization，AI 防抖）、1080p@960fps 超级慢动作视频录制等功能，能够帮助用户轻松捕捉复杂环境下的艺术光影，做"自己生活中的导演"，如图 1-1 所示。其中，AI 指 Artificial Intelligence，即人工智能。

图1-1

2. 使用4K分辨率进行拍摄

目前大部分的手机都支持 4K 分辨率，iPhone 14 Pro 以上的机型甚至可以支持 8K 分辨率。对于大部

分的手机相机设置来说，默认分辨率都是
1080p，如果想要获得更高清的画面，就
需要开启 4K 模式，图 1-2 所示为苹果系
统和安卓系统的 4K 分辨率模式。

　　苹果系统的 4K 分辨率模式，需要在
"设置"界面中，依次选择"相机"｜"录
制视频"选项进入其界面，选择 4K/60
fps 选项。

　　安卓系统的 4K 分辨率模式，以 vivo
NEX S 手机型号为例，打开相机，在"录像"
模式下点击右上角的 4K 按钮，然后在弹
出的 3 种分辨率模式下选择 4K 选项。

3. 使用第三方App进行拍摄

　　如果想要手机里的相机性能达到最大
化的使用，可以使用第三方 App 进行拍摄。
比如 Protake 和 Filmic Pro 等拍摄 App，
它们可以利用手机强大的算法，实现高码流拍摄。

　　图 1-3 所示为 Protake App 中的拍摄画面，还可以选择相应的滤镜，进行风格化拍摄。

图1-2

图1-3

当然，这些第三方 App 只是一个辅助作用。在实际的操作中，快速打开相机进行拍摄可能才是效率最高的。但如果拍摄时间充足，就可以采用第三方 App 拍摄。

4. 保持背景干净、灯光充足

干净的背景给人一种简约清爽的感觉，而杂乱的背景会让观众觉得视频的质感很差。图 1-4 所示为两种不同背景下拍摄的人物画面。

图1-4

从图中可以看出，第一个画面背景中的树木和地面都是杂乱的、不简洁的，偶尔还会抢镜；而第二个画面背景比较简单，色调也比较统一，所以观众的注意力会集中在人物身上。

通常在夜晚拍摄的时候，画面噪点是最多的，随着光线的减弱，画质也逐渐变差。所以，灯光对于拍摄来说是非常重要的，无论是自然光，还是人造灯光，都可以修饰画面。

在自然光下进行拍摄，最好选择早上 8 ~ 10 点或者下午 4 ~ 6 点，这些时间段的光线最柔和。其他人造灯光的设备有摄影灯箱、顶部射灯和美颜面光灯，这些打光设备不仅能够增强画面氛围，而且还可以利用光线来创作更多有艺术感的视频作品。

5. 无损传输视频

在社交媒体上传视频或者分享时，最好选择能够无损传输视频的渠道。

通常在微信分享视频时，一个 25M 的视频会被压缩至 3M 左右的视频，可想而知，视频画质也会从高清压缩至模糊了。

所以，大家在分享视频和接收视频的过程中，最好选择邮件渠道，或者用 QQ 发送和接收视频。

用 QQ 发送视频时，❶在聊天窗口中点击⊕按钮；❷在弹出的面板中选择"文件"选项；❸在"视频"选项区中选择相应的视频；❹点击"发送"按钮，如图 1-5 所示，就可以传输无损画质的视频。

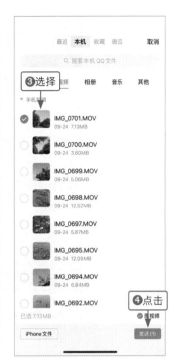

图1-5

6. 在剪辑时进行调整

目前，剪映这款软件是最简单和实用的视频剪辑软件了。无论是电脑版，还是手机版，都能导出拍摄时默认的视频画质，甚至还可以升级码率。

在剪映 App 中导出视频时，系统默认的分辨率是 1080P，❶在剪辑界面中点击右上角的 1080P 按钮；❷在相应的界面中设置"分辨率"为 2K/4K、"帧率"为 60，并默认开启"智能 HDR"；❸最后点击"导出"按钮，如图 1-6 所示，就可以导出高清视频。

在剪映电脑版中的"导出"对话框中，❶设置"分辨率"为 4K，设置"码率"为"更高"，设置帧率为 60fps；❷最后点击"导出"按钮，如图 1-7 所示，导出高清视频。

除了在剪辑后设置相应的导出参数来导出高清视频之外，还可以在剪辑时，通过对视频调色，让视频画面更加高清。比如，调节"对比度""光感""饱和度"和 HSL 等参数，调整画面的色彩和明度。

图1-6

图1-7

7. 选择高清上传方式

在短视频平台分享视频时，也是有技巧的。比如，在抖音平台中，最好选择在电脑端官网平台中上传视频，这样就能保证上传的视频不会被压缩。

在抖音官网的"首页"页面中，❶移动鼠标至"投稿"按钮上；❷在弹出的列表框中选择"发布视频"选项；❸在"发布视频"页面中上传相应的视频文件，如图1-8所示，即可上传制作好的高清视频。

图1-8

1.1.2 手机稳定器的选择

在用手机进行运镜拍摄时，运用手机稳定器做支撑，可以起到一定的防抖作用，让拍摄出来的画面更加稳定。本书采用的手机稳定器是大疆 OM 4 SE，如图 1-9 所示。在手机软件商店里下载好 DJI Mimo App，把稳定器与手机装载好，并连接上蓝牙，就可以使用了。

图1-9

除了大疆 OM 4 SE，市场上热销的手机稳定器还有魔爪 Mini-S、智云 Smooth Q2、iSteady V2 等。无论是哪个品牌或者型号的稳定器，最主要的关注点还是防抖、功能齐全和轻便，至于其他的要求或者额外卖点，大家可以根据自己的经济承受能力进行理性消费。

不过，当你购买了手机稳定器之后，一定要多拍，不能让其"吃灰"。对于运镜新手，建议购买性价比较高的稳定器；而对于器械党，或者从事专业运镜的人员，可以稍微提升经济预算进行购买。

1.1.3 了解稳定器拍摄模式

打开 DJI Mimo App，在"视频"拍摄模式下点击左下角的●●●按钮，❶点击左侧的📱按钮；❷在"云台"界面中显示了 4 种模式，分别是云台跟随、俯仰锁定、FPV（First Person View，第一人称主视角）和旋转拍摄模式，如图 1-10 所示。

图1-10

其他品牌的手机稳定器模式也是差不多的，基本上常用的模式就这几种，手持手机稳定器 4 种模式下的实际操作情景如图 1-11 所示。

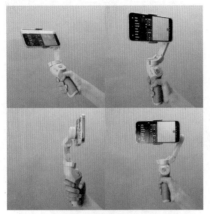
❶云台跟随模式
（上下左右移动）

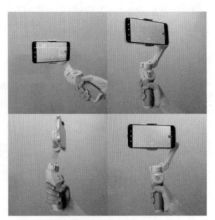
❷俯仰锁定模式
（上下无法移动，左右可以移动）

❸FPV 模式
（上下左右倾斜）

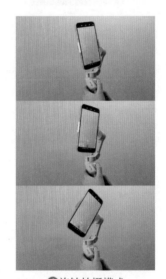
❹旋转拍摄模式
（长按摇杆方向键进行旋转拍摄）

图1-11

（1）云台跟随模式：为相机提供了三个方向的增稳效果，当手柄移动时，云台会跟随手柄的移动方向一起运动，运动速度也会变柔和，这是为了保证拍摄画面的平滑和流畅，并且可以上下左右四个方向移动。

（2）俯仰锁定模式：由于锁定了俯拍或者仰拍，所以只能左右移动拍摄，不能上下移动拍摄。

（3）FPV 模式：又称第一人称视角，它与云台跟随模式的不同在于，云台在三轴方向上，只提供轻微的增稳效果，常用于拍摄倾斜镜头和甩镜。

（4）旋转拍摄模式：可以通过左右控制摇杆方向键进行旋转拍摄，比如"盗梦空间"镜头，就需要用到旋转拍摄模式。

在实际的拍摄过程中，本人使用最多的模式就是云台跟随模式，因为这个模式下的画面比较稳定和流畅，在大多数的运镜场景中都不会出错。

1.2 拍摄角度与分类

拍摄角度是无处不在的，几乎每个视频都会透露出其拍摄角度，而为了拍摄出更好的视频，让运镜更具美感，拍摄角度是一个必学的拍摄知识。

1.2.1 拍摄角度是什么

拍摄角度包括拍摄高度、拍摄方向和拍摄距离。

1. 拍摄高度

拍摄高度可以简单分为平拍、俯拍和仰拍三种。进一步细分，平拍中有正面拍摄、侧面拍摄和斜面拍摄。再拓展高度，还有顶摄、倒摄和侧反拍摄。

正面拍摄的优点是给观众一种完整和正面的形象，缺点是较平面、不够立体；侧面拍摄主要从被摄对象的左右两侧进行拍摄，特点是有利于勾勒被摄对象的侧面轮廓；斜面拍摄是介于正面和侧面之间的拍摄角度，可以突出被摄对象的两个侧面，给观众一种鲜明的立体感。

俯拍主要是相机镜头从高处向下拍摄，视野比较广阔，画面中的人物也会显得比较小。

仰拍是镜头从低处往上拍摄，能让被摄对象变得十分高大。

顶摄是指相机镜头拍摄方向与地面垂直，在拍摄表演的时候比较常见；倒摄是一种与物体运动方向相反的拍摄方式，在专业的影视摄像中比较常见，比如拍摄惊险画面时；侧反拍摄主要是从被摄对象的侧后方进行拍摄，画面中的人物主要都是背影，面部呈现较少，可以产生神秘的感觉。

2. 拍摄方向

拍摄方向是指以被摄对象为中心，在同一水平面上围绕被摄对象四周选择摄影点。在拍摄距离和拍摄高度不变的条件下，不同的拍摄方向可展现被摄对象不同的侧面形象，以及主体与陪体、主体与环境的不同组合关系变化。拍摄方向通常分为：正面角度、斜侧角度、侧面角度、反侧角度和背面角度，如图 1-12 所示。

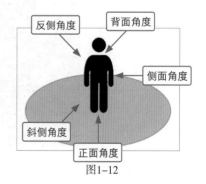

图 1-12

3. 拍摄距离

拍摄距离指相机镜头和被摄对象之间的距离。

在使用同一焦距进行拍摄时，相机镜头与被摄对象之间的距离越近，相机能拍摄到的范围就越小，主体在画面中占据的位置也就越大；反之，拍摄范围就越大，主体也显得越小。

通常根据选取画面的大小、远近，细分有大特写、特写、近景、中近景、中景、全景、大全景、远景和大远景 9 种景别，简单分类则是特写、近景、中景、全景和远景。

在本章的 1.3.2 小节中，将会对各种景别进行展示和分析，让大家更加直观地理解和学习这个知识点。

1.2.2　常用的 4 种拍摄角度

在实际拍摄过程中，常用的拍摄角度主要有 4 种，分别是平角度拍摄、俯视角度拍摄、仰视角度拍摄和斜角度拍摄。

1. 平角度拍摄

平角度拍摄是指相机镜头与被摄对象在水平方向上保持一致，从而客观地展现被摄对象，也能让画面显得端庄，构图具有对称美，如图 1-13 所示。

图1-13

2. 俯视角度拍摄

俯视角度拍摄就是相机镜头从高处向下拍摄，也就是俯视，这种角度可以展现画面构图及表达主体大小。比如，在拍摄美食、动物和花卉题材的视频中，可以充分展示主体的细节；在拍摄人物的时候，可以让人物显得更加娇小，如图 1-14 所示。

图1-14

　　俯视角度拍摄也可以根据俯视角度进行细分，比如 30°俯拍、45°俯拍、60°俯拍、90°俯拍。不同的俯拍角度，拍摄出的视频画面会给人不同的视觉感受。

3. 仰视角度拍摄

　　仰视角度拍摄，可以突出被摄对象的高大气势或宏伟壮阔。当拍摄建筑物时，会产生强烈的透视效果；当仰拍汽车、高山、树木时，会让画面具有气势感；还可以仰拍人物，让画面中的人物变得高大修长，如图 1-15 所示。

图1-15

4.斜角度拍摄

斜角度拍摄主要是偏离了正面角度，从主体两侧拍摄；或者把镜头倾斜一定的角度拍摄主体，增加主体的立体感。倾斜角度拍摄主体时，富有立体感和活泼感，让画面不再单调，如图1-16所示。

图1-16

除了以上4种常用的拍摄角度之外，根据运镜师个人的喜好，可能还有其他的拍摄角度，大家可以根据拍摄习惯进行选择，没有唯一的正解。总之，只有多拍、多去体会和总结，才能在实践中获得更多的经验和知识。

1.3 镜头取景

目前的手机摄影和录像技术越来越成熟了，手机镜头拍出来的画面也越来越高清。首先，我们需要认识镜头，然后再学会用镜头取景。本节将带领大家了解镜头对焦和变焦，以及认识景别。

1.3.1　镜头对焦和变焦

对焦是指通过手机内部的对焦结构来调整物体和相机的位置，从而使被摄对象清晰成像的过程。在拍摄短视频时，对焦是一项非常重要的操作，是影响画面清晰度的关键因素。尤其是在拍摄运动状态的主体时，对焦不准画面就会模糊。

要想实现精准的对焦，首先要确保手机镜头的洁净。手机不同于相机，镜头通常都是裸露在外面的，如图 1-17 所示，因此一旦沾染灰尘或污垢等杂物，就会对视野造成遮挡，同时还会使进光量降低，从而导致无法精准对焦，拍摄的视频画面也会变得模糊不清。

图1-17

手机通常都是自动进行对焦的，用户在拍摄视频时也可以通过点击屏幕的方式来进行手动对焦，自由选择对焦点的位置。

变焦是指在拍摄视频时将画面拉近或者拉远，从而拍到更多的景物或者更远的景物。广角变焦就可以让画面容纳更多的景物。另外，通过变焦功能拉近画面，还可以减少画面的透视畸变，获得更强的空间压缩感。不过，拉近变焦也有弊端，就是会损失画质，影响画面的清晰度。

图 1-18 所示为苹果手机相机镜头中的 1 倍、0.5 倍广角和 3 倍变焦拍摄下的画面。

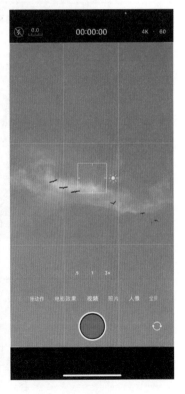

图1-18

从图 1-18 可以看出在 1 倍变焦中，取景画面很真实；在 0.5 倍广角变焦中，虽然画面中所容纳的景物变多了，但是边缘会有一点畸变；在 3 倍变焦下，拍摄到了几十米外天空中飞行的鸟群，虽然拍摄的距离变远了，但是画面清晰度不如前两者。

除了拖曳和选择变焦参数之外，还可以通过双指缩放屏幕来进行变焦调整。部分手机甚至还可以通过上下音量键来控制变焦。

1.3.2 认识景别

在本章 1.2.1 小节的拍摄距离内容中，我们了解了景别的含义。在实际的运用中，景别在影视作品里很常见。导演和运镜师通过场面和镜头的调度，在各种镜头中使用不同的景别，来叙述情节、塑造人物、表达作品主题，让画面富有表现力，作品具有艺术感染性，从而让观众接收到作品所表达的内容和情绪，以及加深观众对作品的印象。

图 1-19 所示为电影《黄金三镖客》中的 5 个景别。

远景

全景

中景

近景

特写

图1-19

通过观察图 1-19，我们可以大致了解 5 种景别的特点与作用。

● 远景（被摄对象所处的环境）：一般展现的画面内容是环境全貌，展示人物及其周围广阔的空间环境。除了展现自然景色外，还能展现人物活动。主要作用是介绍环境、交代地点，渲染气氛和抒发情感。远景细分之下还有大远景。

● 全景（人体全身和部分周围环境）：主要展现人物的全身，包括人物的身形体态、衣着打扮和动作，从而交代人物的身份，引领出场。所以，全景和远景也被称为交代镜头。全景细分之下还有大全景。

● 中景（人体膝盖部位以上的画面）：中景比全景展现的人物要细致一些，所以可以更好地展现人物的身份和动作。在拍摄中，该景别对构图会有一定的要求。当然，中景并不一定必须以膝盖部分为分界线，界线在膝盖部位左右就可以了。

● 近景（人体胸部以上的画面）：近景有利于展现人物的细微动作，让观众对人物有着更细致的观察。该景别从人物的动作和表情中把情绪传递给观众，刻画人物的性格。在对话交流等场景中，也多用近景。比如，在记者采访类节目中，就常用该景别。在膝盖与胸部之间为界线的景别细分为中近景。

● 特写（人体肩部以上的画面）：特写中的画面一般是铺满状态，对观众的视觉冲击力也较强，能够给观众留下深刻的印象。这种镜头不仅可以给观众提供信息，还可以通过对人物微表情的展现，刻画人物和打造故事线。特写细分之下是大特写，聚焦于某个器官或者点。

1.4 如何进行构图

在运镜拍摄时，少不了构图。构图是指通过安排各种物体和元素，来实现一个主次关系分明的画面效果。我们在拍摄时，可以通过适当的构图方式，将自己的主题思想和创作意图形象化和可视化地展现出来，从而创造出更出色的视频画面效果。

1.4.1 选取前景进行构图

前景，最简单的解释就是位于视频拍摄主体与镜头之间的事物。

前景构图是指利用恰当的前景元素来构图取景，可以使视频画面具有更强烈的纵深感和层次感，同时也能极大地丰富视频画面的内容，使视频更加鲜活饱满。因此，我们在进行拍摄时，可以将身边能够充当前景的事物拍摄到视频画面当中来。

前景构图有两种操作思路，一种是将前景作为陪体，将主体放在近景或背景位置上，用前景来引导视线，使观众的视线聚焦到主体上。图 1-20 所示就是以花为前景，突出主体人物和风车的视频画面。

图1-20

另一种则是直接将前景作为主体，也就是虚化背景，突出前景。图 1-21 所示为使用前景构图拍摄的视频画面，主要突出拍摄的主体草和花，让背景虚化了，从而增强了画面的景深感，还提升了视频的整体质感。

图1-21

在运镜时，可以作为前景的元素有很多，如花草、树木、水中的倒影、道路、栏杆及各种装饰道具等。不同的前景有不同的作用，如突出主体、引导视线、增添气氛、交代环境、形成虚实对比、形成框架、丰富画面等。

1.4.2 掌握多种构图方式

对于运镜视频来说，即使是相同的场景，也可以采用不同的构图形式，从而形成不同的画面视觉感受。大家在拍摄时，最好多掌握几种构图方式，让画面更有魅力。

1. 中心构图

中心构图又可以称为中央构图，简而言之，即将视频主体置于画面正中间进行取景。中心构图最大的优点在于主体非常突出、明确，而且画面可以达到上下左右平衡的效果，更容易抓人眼球。

拍摄中心构图的视频非常简单，只需要将主体放置在视频画面的中心位置上即可，而且不受横竖构图的限制，如图 1-22 所示。

图1-22

拍出中心构图效果的相关技巧如下。

（1）选择简洁的背景。使用中心构图时，尽量选择背景简洁的场景，或者主体与背景的反差比较大的场景，这样能够更好地突出主体，如图 1-23 所示。

图1-23

（2）制造趣味中心点。中心构图的主要缺点在于效果比较呆板，因此拍摄时可以运用光影角度、虚实对比、人物肢体动作、线条韵律及黑白处理等方法，来制造一个趣味中心点，让视频画面更加吸引眼球。

2. 三分线构图

三分线构图是指将画面从横向或纵向分为三部分，在拍摄视频时，将被摄对象或焦点放在三分线的某一位置上进行构图取景，让被摄对象更加突出，画面更加美观。

三分线构图的拍摄方法十分简单，只需要将视频拍摄的主体放置在拍摄画面的横向或者竖向三分之一处即可。

图 1-24 所示为两个三分线构图视频画面。第 1 个视频画面中的上三分之一为船景，下三方之二为水景，形成了上三分线构图，不仅让画面的视野更加广阔，并且在视觉上也更加令人愉悦。第 2 个视频画面中的左侧三分之一的界线为人物所处的位置，剩余的右侧部分则是背景，形成了左三分线构图，从而展现人物和人物所处的环境，营造闲适的氛围感。

图1-24

九宫格构图又叫井字形构图，是三分线构图的综合运用形式，是指用横竖各两条直线将画面等分为 9 个空间，不仅可以让画面更加符合人眼的视觉习惯，而且还能突出主体、均衡画面。

使用九宫格构图时，不仅可以将主体放在 4 个交叉点上，也可以将其放在 9 个空间格内，可以使主体非常自然地成为画面的视觉中心。在拍摄短视频时，用户可以将手机的九宫格构图辅助线打开，以便更好地对画面中的主体元素进行定位或保持线条的水平。

如图 1-25 所示，将花朵安排在九宫格左上角的交叉点上，可以给画面留下大量的留白空间，体现出花朵的延伸感。

图1-25

3. 框式构图

　　框式构图又叫框架式构图、窗式构图或隧道构图。框式构图的特征是借助某个框式图形来取景，而这个框式图形，可以是规则的，也可以是不规则的，可以是方形的，也可以是圆形的，甚至可以是多边形的。

　　图 1-26 所示为多边形边框和圆形边框构图视频画面。借助胶带形成多边形边框，或者借助圆形窗口，将人物框在其中，不仅明确地突出主体，同时还让画面更有创意。

图1-26

想要拍摄框式构图的视频画面，就需要寻找到能够作为框架的物体，这就需要我们在日常生活中仔细观察，留心身边的事物。

4. 引导线构图

引导线可以是直线（水平线或垂直线），也可以是斜线、对角线或者曲线，通过这些线条来"引导"观众的目光，吸引他们的注意力，唤起他们的兴趣。

引导线构图的主要作用如下。

- 引导视线至画面主体。
- 丰富画面的结构层次。
- 形成极强的纵深效果。
- 展现出景深和立体感。
- 创造出深度的透视感。
- 帮助观众探索整个场景。

生活场景中的引导线有道路、建筑物、桥梁、山脉、强烈的光影及地平线等。在很多短视频的拍摄场景中，都会包含各种形式的线条，因此拍摄者要善于找到这些线条，使用它们来增强你的视频画面冲击力。

例如，斜线构图主要利用画面中的斜线来引导观众的目光，同时能够展现物体的运动、变化及透视规律，可以让视频画面更有活力和节奏感。图 1-27 所示为斜线构图视频画面，利用大桥横向的斜线和影子斜线，在固定摇摄运镜的过程中，让这两条斜线慢慢相交于一点，让视频画面具有透视感和层次感。

图1-27

5. 对称式构图

对称式构图是指画面中心有一条线把画面分为对称的两份，可以是画面上下对称（水平对称），也可以是画面左右对称（垂直对称），或者是围绕一个中心点实现画面的径向对称，这种对称画面会给人带来一种平衡、稳定与和谐的视觉感受。

图 1-28 所示为左右对称式构图视频画面，以建筑中心的分界线为垂直对称轴，画面左右两侧的建筑基本一致，形成左右对称构图，让视频画面的布局更为平衡。除了左右对称式构图，此视频画面中还有框式构图，以下面的围栏和上方的雕栏为框架。

图1-28

6. 对比构图

对比构图的含义很简单，就是通过不同形式的对比，如大小对比、远近对比、虚实对比、明暗对比、颜色对比、质感对比、形状对比、动静对比、方向对比等，可以强化画面的构图，产生不一样的视觉效果。

对比构图的意义有两点：一是通过对比产生区别，来强化主体；二是通过对比来衬托主体，起辅助作用。对比反差强烈的短视频作品，能够给观众留下深刻的印象。

图 1-29 所示为使用明暗对比构图拍摄的夕阳视频画面。

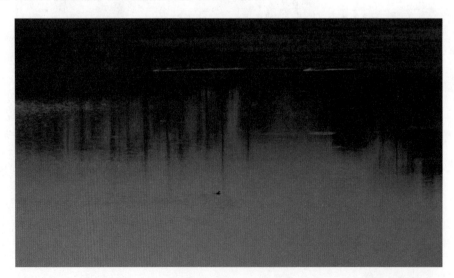

图1-29

　　图 1-30 所示为使用颜色对比构图拍摄的风光视频画面，粉色的荷花和绿色的荷叶形成了冷暖对比。颜色对比构图包括色相对比、冷暖对比、明度对比、纯度对比、补色对比、同色对比及黑白灰对比等多种类型，人们在欣赏视频时，通常会先注意那些鲜艳的色彩，拍摄者可以利用这一特点来突出视频拍摄的主体。

图1-30

课后实训：判断视频画面景别

　　请分析下面 4 个视频画面分别是什么景别，如图 1-31 所示。大家课后在观看影视作品的时候，也可以对影视画面进行景别分析。

图1-31

答案

❶为近景，❷为全景，❸为中景，❹为远景或大全景。

第 2 章　运镜方式：
保持画面稳定的秘诀

为了拍出稳定的画面，拍摄者可以购买防抖性能强一点的手机，也可以使用辅助设备，比如三脚架、稳定器或者滑轨等设备，来辅助你在运镜时拍出稳定的画面。除了设备，还可以在运镜姿势和运镜步伐中努力掌握运镜技巧和方式，打好基础，能够让你在后面的实战拍摄中拍出理想的画面。

2.1 运镜姿势

在运镜拍摄时，运镜姿势是非常重要的。对于一些简单、基础的运镜方式，可以直接手持手机运镜；而对于大范围的移动拍摄，则需要手持稳定器进行拍摄。

2.1.1 手持手机时的运镜姿势

图 2-1 所示为本节手持手机时的运镜姿势的视频教学画面。本次教学视频需要的设备是手机 1 台，只需找好想要拍摄的主体，比如人物或者风景，就可以练习手持运镜拍摄了。

图2-1

手持手机可以固定方位拍摄画面，而在手持手机进行运镜拍摄时，就需要一定的技巧了，关键要点如图 2-2 所示。

（1）双手握住手机。为了画面的稳定，一定要双手握住手机的两端，这样在拍摄时才能保持平稳。为了观看效果，默认拍摄的画面比例一般是横屏 16∶9。

（2）移动手机时保持水平。在运镜拍摄时，手机移动的时候不能一高一低，需要尽量保持手机两端处于同一水平线上。

（3）移动拍摄时尽量用手臂力量带动手机。用手腕发力的时候，可能会有轻微抖动。在举着手机运镜时，尽量用手臂的力量带动手机移动，这样才能稳定画面。

（4）重心向下，尽量慢速移动。这里的重心指的是人体的重心，重心低一点，人在移动的时候也能稳一些。慢速移动的好处是，画面在后期变速处理的时候能有更多的操作空间。

图2-2

2.1.2　手持稳定器的运镜姿势

图 2-3 所示为本节手持稳定器时的运镜姿势视频教学画面。本次教学视频需要的设备是手机和手机稳定器，在拍摄之前，需要把手机装载在稳定器上面。

图2-3

在用稳定器拍摄之前，需要打开手机蓝牙和下载好手机稳定器支持的拍摄 App。大疆 OM 4 SE 手机稳定器需要在手机应用商店下载好 DJI Mimo App。

长按开机键就可以开机，点击开机键连续两次就可以转换屏幕，如图 2-4 所示。

图2-4

手持稳定器不同于手持手机，稳定器和手机相加是有一定的重量的，运镜师在前行或者后退时，更加需要注重运镜姿势了，关键要点如图 2-5 所示。

图2-5

（1）双手握住稳定器手柄。在一般情况下，需要双手握住稳定器手柄，这样才能保持足够的平衡。单手操作就需要稳定器足够轻，或者运镜师本身的臂力足够强。

（2）双臂贴合身体两侧。这样做的好处是，当运镜师移动的时候，由于手臂是贴合身体的，所以是用身体带动手臂的移动，画面就会比较稳一些；如果运镜师在移动的时候，手臂乱动，就会影响画面的稳定。当然，部分镜头不需要双臂贴合，因为需要手臂来运镜。

（3）在前进时，脚后跟先着地。脚后跟先着地是比较正确的走路姿势，这样人体的重心是比较平衡的，所以画面也能相对稳些。

（4）后退时，脚掌先着地。跟人体走路的原理一样，在后退拍摄时，需要脚掌先着地才能保持平衡。

把手机安装在稳定器上面的时候，要保持屏幕处于水平线上，不要倾斜，这样就能避免拍出的画面是歪的，减少后期处理工作。

2.2 运镜步伐

对于移动范围较小的运镜步伐，只需要一个跨步就可以实现运镜拍摄；而对于需要跟随运动，或者大范围走动的运镜步伐，就需要保持足够的平衡和稳定来进行拍摄了。

2.2.1 移动范围较小的步伐

图 2-6 所示为本节移动范围较小的步伐的视频教学画面。本次教学视频主要是手持手机拍摄，只需找好想要拍摄的主体，比如人物或者风景，就可以练习拍摄了。

图2-6

本次教学主要以推镜头为主，有运镜幅度较小的步伐教学，也有运镜幅度较大的步伐教学，教学视频画面如图 2-7 所示。

首先讲解运镜幅度较小的步伐。运镜师在这种情况下，可以手持手机拍摄。找到想要拍摄的主体之后，镜头对准主体，运镜师只需跨一小步就可以了。

然后对着拍摄主体，运镜师慢慢从后向前推。在推进的过程中，主要重心在腿部，由腿部力量带动身体和手机的移动，这样能保持画面的稳定。

如果想要运镜幅度大一些，步伐就可以跨大一点，继续让重心保持在腿部，用腿部力量带动身体的移动。

运镜师在开始运镜时，身体可以稍微往后仰一些，这样就能让镜头中拍摄的画面多一些。当然，在后仰的时候，也要保持身体的平衡。

在由后往前推的过程中，也需要保持匀速的推动，然后在推进的过程中，镜头画面慢慢聚焦于拍摄的主体。

图2-7

2.2.2　跟随运动拍摄的步伐

图 2-8 所示为本节跟随运动拍摄的步伐的视频教学画面。本次教学视频主要是手持稳定器拍摄，运镜师需要跟随拍摄运动中的人物，对于运镜新手来说，具有一些难度。

图2-8

本次教学视频需要模特一名，主要是背面跟随镜头，跟随拍摄人物的背面上半身，教学视频画面如图 2-9 所示。

图2-9

在跟随拍摄时，运镜师需要与模特保持一定的距离。本次拍摄景别主要是中近景，所以运镜师与模特之间的距离适中即可。如果要拍摄人物全景，运镜师就需要离模特再远一些。

在跟随的过程中，运镜师放低重心，脚后跟先着地，并跟随模特的步伐而前进，在前进跟随的过程中保持画面稳定。

拍摄完成后，可以为视频进行调色、添加背景音乐等后期操作，让视频更加精美，成品视频效果展示如图 2-10 所示。

图2-10

2.3 稳定运镜的设备

运镜也就是运动镜头。为了稳定运镜，除了手持手机保持画面稳定之外，在大幅度地进行运镜的过程中，也少不了辅助运镜的设备。本节将介绍一些常用的稳定运镜的设备。

2.3.1 手机支架

手机支架包括三脚架和八爪鱼支架等，主要用来在拍摄短视频时更好地稳固手机，为创作清晰的短视频作品提供一个稳定的平台，如图 2-11 所示。

在购买手机支架时，不仅要考虑到其结实耐用，还要考虑到随身携带的问题。所以，可伸缩、可折叠、重量轻，这些因素都要考虑在内。

在运镜拍摄的过程中，用手机支架稳定手机后，可以利用长焦镜头进行变焦拍摄，制作简单的推镜头或者拉镜头运镜。

在大疆 OM 4 SE 手机稳定器上，也带有三脚架，并且可以拆卸，可以用来拍摄一些固定镜头，如图 2-12 所示。

图2-11

图2-12

2.3.2 稳定器

手机稳定器是用于拍摄短视频时的稳固拍摄器材，是给手机作支撑的辅助设备，如图 2-13 所示。在前面的运镜姿势和运镜步伐中我们已经对其有了初步了解，手机稳定器可以让手机处于一个十分平稳的状态。

图2-13

手持稳定器的主要功能是防止画面抖动，适合拍摄户外风景或者人物动作类短视频。手持稳定器能根据用户的运动方向或拍摄角度来调整镜头的方向，无论用户在拍摄期间如何运动，手持稳定器都能保证视频拍摄的稳定，拍摄画面如图 2-14 所示。

图2-14

2.3.3　电动轨道

在拍摄小范围的运镜视频时，可以用到电动轨道，不仅可以拍出倾斜的滑动效果，还可以拍出前、后、左、右的推移运镜视频，如图 2-15 所示。

用户可以使用脚架倾斜或搭桥的模式，实现倾斜拍摄的效果。电动轨道可拼接和自由组合长度，出门携带非常方便，还可以使用手机的蓝牙无线功能控制轨道的移动，操作十分方便。在实际的运镜拍摄中，电动轨道可以用来实现一些低角度的运镜拍摄。

图2-15

课后实训：认识相机稳定器

手机是短视频拍摄中最常用的设备，而为了拍摄出画质更加精美的运镜视频画面，可以使用相机进行拍摄。为了稳定相机，就有了相机稳定器，如图 2-16 所示。

图2-16

由于相机有微单和单反等机型的区别，还有重量、型号等区别，所以用户在选择相机稳定器的时候，最好多考虑这些因素，慎重选择，避免退换货。

第 3 章　拍摄脚本：
拍什么？怎么设计？

对于短视频来说，脚本的作用与影视中的剧本类似，不仅可以用来确定故事的发展方向，而且可以保证短视频拍摄的效率和质量，同时还可以指导短视频的后期剪辑。本章主要介绍短视频脚本的创作方法和思路。

3.1 脚本是什么

脚本是用户拍摄短视频的主要依据，能够提前统筹安排好短视频拍摄过程中的所有事项，如什么时候拍、用什么设备拍、拍什么背景、拍谁及怎么拍等。

3.1.1 拍摄脚本的几个要素

在短视频脚本中，用户需要认真设计每一个镜头。下面主要从 6 个基本要素来介绍短视频脚本的策划，如图 3-1 所示。

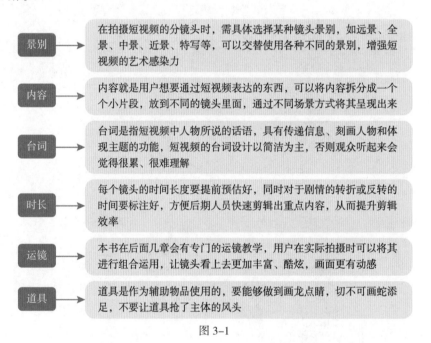

景别 → 在拍摄短视频的分镜头时，需具体选择某种镜头景别，如远景、全景、中景、近景、特写等，可以交替使用各种不同的景别，增强短视频的艺术感染力

内容 → 内容就是用户想要通过短视频表达的东西，可以将内容拆分成一个个小片段，放到不同的镜头里面，通过不同场景方式将其呈现出来

台词 → 台词是指短视频中人物所说的话语，具有传递信息、刻画人物和体现主题的功能，短视频的台词设计以简洁为主，否则观众听起来会觉得很累、很难理解

时长 → 每个镜头的时间长度要提前预估好，同时对于剧情的转折或反转的时间要标注好，方便后期人员快速剪辑出重点内容，从而提升剪辑效率

运镜 → 本书在后面几章会有专门的运镜教学，用户在实际拍摄时可以将其进行组合运用，让镜头看上去更加丰富、酷炫，画面更有动感

道具 → 道具是作为辅助物品使用的，要能够做到画龙点睛，切不可画蛇添足，不要让道具抢了主体的风头

图 3-1

3.1.2 拍摄脚本的类型

短视频的时间虽然很短，但只要用户足够用心，精心设计短视频的脚本和每一个镜头画面，就能让短视频的内容更加优质，就能获得更多上热门的机会。短视频脚本一般分为分镜头脚本、拍摄提纲和文学脚本 3 种，如图 3-2 所示。

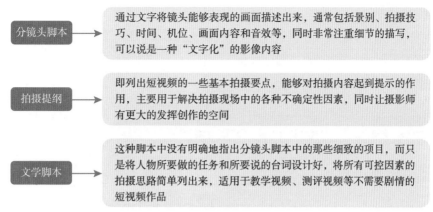

图 3-2

总结一下，分镜头脚本适用于剧情类的短视频内容，拍摄提纲适用于访谈类或资讯类的短视频内容，文学脚本则适用于没有剧情的短视频内容。

3.2 脚本模板

对于短视频拍摄来说，脚本模板主要以分镜头脚本为主，有了模板，就能有的放矢，让拍摄过程进展得更加顺利。

3.2.1 镜头脚本模板

如表 3-1 所示为一个简单的短视频脚本模板，包含了镜号、景别、运镜、画面、设备和备注等内容。

表 3-1

镜号	景别	运镜	画面	设备	备注
1	远景	固定镜头	在天桥上俯拍城市中的车流	手机广角镜头	延时摄影
2	全景	跟随运镜	拍摄主角从天桥上走过的画面	手持稳定器	慢镜头
3	近景	上升运镜	从人物手部拍到头部	手持拍摄	
4	特写	固定镜头	人物脸上露出开心的表情	三脚架	
5	中景	跟随运镜	拍摄人物走下天桥楼梯的画面	手持稳定器	
6	全景	固定镜头	拍摄人物与朋友见面问候的场景	三脚架	
7	近景	固定镜头	拍摄两人手牵手的温暖画面	三脚架	后期背景虚化
8	远景	固定镜头	拍摄两人走向街道远处的画面	三脚架	欢快的背景音乐

在创作一部短视频的过程中，所有参与前期拍摄和后期剪辑的人员都需要遵从脚本的安排，包括摄影师、演员、道具师、化妆师、剪辑师等。如果短视频没有脚本，会很容易出现各种问题，如拍到一半发现场景不合适，或者道具没准备好，或者演员少了，又需要花费大量时间和资金去重新安排和做准备。这样，不仅会浪费时间和金钱，而且也很难做出理想的短视频效果。

3.2.2 脚本怎么写

在编写短视频脚本时，用户需要遵循化繁为简的形式规则，同时需要确保内容的丰富度和完整性。图 3-3 所示为短视频脚本的基本编写流程。

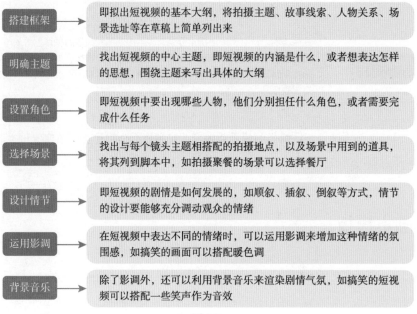

图 3-3

3.3 脚本的作用

脚本对于视频拍摄来说十分重要，无论拍摄视频的长短如何，都需要脚本。脚本的作用主要有以下几点。

3.3.1 确定故事的发展方向

脚本为视频拍摄提供了一个框架和云图，影响着故事的发展方向。当剧本确定好情节、人物、地点、道具和结局之后，故事就能有条不紊地展开，无论是拍摄还是剪辑，都不会"迷路"，从而确保故事的完整性。

下面为摄影指导课程视频的拍摄提纲。

场景一：男生开场引出问题

男生从画面外走进画面里，问摄影老师：我想在大海边上为我女朋友拍出很唯美的照片，但是我不知道拍怎么办？

摄影老师听完对着镜头说：不会拍的男孩子、女孩子都来认真听了。

场景二：人物站立拍照教程

一个女生站在海边，摄影老师对着镜头指导说：首先女孩子的裙子一定要飞扬起来，怎么飞扬呢？跑起来，或者迎着海风，双手自然往后靠，这样就很唯美了。女孩子跟着摄影老师的指导摆动作，然后摄影老师拍照。

场景三：人物玩水拍照教程

女生在海浪中比"耶"歪头笑，摄影老师解释：这样拍就太像游客照了，要拍特写才好看。

女生捧起海水，然后摄影老师对着女生的侧脸，进行拍照；女生激起水花，摄影老师在人物前面，慢动作抓拍。

场景四：海滩插花教程

女生在海滩上插上几朵玫瑰花，摄影老师解释说：以花为前景，海为背景，不管是站在沙滩上，还是躺在海滩上，随意扶花，都能拍出绝美的照片。

场景五：全景抓拍教程

女生在海滩上走，摄影老师解释说：在夕阳下全景逆光抓拍，不管是侧面，还是背面，都很唯美。

有了拍摄提纲，在拍摄时就有了拍摄思路，在剪辑时就会有剪辑逻辑和顺序。

3.3.2 提高短视频拍摄的效率

如果没有拍摄脚本，也许会在拍摄现场迷茫很久，要探索一段时间，拍摄出来的素材也有可能不是理想的素材，甚至会缺失素材，后面又需要再次到现场补录，这样就非常浪费人力、时间，甚至金钱。

所以，只有提前准备好脚本和拍摄思路，在拍摄过程中才能完整、顺利地进行实操，在剪辑时也会有充分的素材提供创作，从而提高短视频拍摄的效率。

3.3.3 提升短视频的质量和指导剪辑

对于有故事和没故事的短视频，观众最爱看的莫过于故事性强的短视频了。在影视剧中，好剧本是好片的底子。在短视频拍摄中也一样，脚本是视频的底子。有充分准备的、有逻辑的、有条理的脚本好似建房子的蓝图，好的脚本能够提升短视频的质量。

在剪辑时，也离不开脚本，脚本可以指导剪辑的剧情安排。

图 3-4 所示为一个城市风格 Vlog 分镜头脚本视频画面。可以看出每段视频画面都对应着相应的脚本内容，说明剪辑师在剪辑这段 Vlog 时，主要依据就是脚本故事，这才能顺利地完成后期创作。所以，脚本的作用在于提升短视频的质量和指导剪辑。

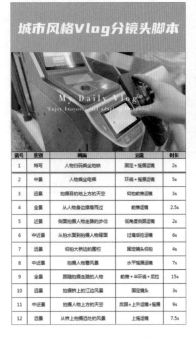

城市风格Vlog分镜头脚本

镜号	景别	画面	运镜	时长
1	特写	人物扫码乘坐地铁	固定+摇摄运镜	2s
2	中景	人物乘坐电梯	环绕+摇摄运镜	5s
3	远景	拍摄目的地上方的天空	仰拍前推运镜	3s
4	全景	从人物身边擦肩而过	前推运镜	2.5s
5	近景	侧面拍摄人物走路的步伐	低角度侧跟运镜	2s
6	中近景	从拍水面到拍人物背面	过肩后拉运镜	6s
7	远景	仰拍大桥边的围栏	固定镜头仰拍	4s
8	中近景	拍摄人物看风景	水平摇摄运镜	7s
9	全景	跟随拍摄走路的人物	前推+半环绕+后拉	15s
10	远景	拍摄桥上的江边风景	固定镜头	3s
11	中近景	拍摄人物上方的天空	后推+上升运镜+摇摄	9s
12	远景	从桥上拍摄远处的风景	上摇运镜	7.5s

城市风格Vlog分镜头脚本

镜号	景别	画面	运镜	时长
1	特写	人物扫码乘坐地铁	固定+摇摄运镜	2s
2	中景	人物乘坐电梯	环绕+摇摄运镜	5s
3	远景	拍摄目的地上方的天空	仰拍前推运镜	3s
4	全景	从人物身边擦肩而过	前推运镜	2.5s
5	近景	侧面拍摄人物走路的步伐	低角度侧跟运镜	2s
6	中近景	从拍水面到拍人物背面	过肩后拉运镜	6s
7	远景	仰拍大桥边的围栏	固定镜头仰拍	4s
8	中近景	拍摄人物看风景	水平摇摄运镜	7s
9	全景	跟随拍摄走路的人物	前推+半环绕+后拉	15s
10	远景	拍摄桥上的江边风景	固定镜头	3s
11	中近景	拍摄人物上方的天空	后推+上升运镜+摇摄	9s
12	远景	从桥上拍摄远处的风景	上摇运镜	7.5s

城市风格Vlog分镜头脚本

镜号	景别	画面	运镜	时长
1	特写	人物扫码乘坐地铁	固定+摇摄运镜	2s
2	中景	人物乘坐电梯	环绕+摇摄运镜	5s
3	远景	拍摄目的地上方的天空	仰拍前推运镜	3s
4	全景	从人物身边擦肩而过	前推运镜	2.5s
5	近景	侧面拍摄人物走路的步伐	低角度侧跟运镜	2s
6	中近景	从拍水面到拍人物背面	过肩后拉运镜	6s
7	远景	仰拍大桥边的围栏	固定镜头仰拍	4s
8	中近景	拍摄人物看风景	水平摇摄运镜	7s
9	全景	跟随拍摄走路的人物	前推+半环绕+后拉	15s
10	远景	拍摄桥上的江边风景	固定镜头	3s
11	中近景	拍摄人物上方的天空	后推+上升运镜+摇摄	9s
12	远景	从桥上拍摄远处的风景	上摇运镜	7.5s

图 3-4

3.4　如何做出优质的脚本

脚本是短视频立足的根基，当然，短视频脚本不同于微电影或者电视剧的剧本，尤其是用手机拍摄的短视频，用户不用写太多复杂多变的镜头景别，而应该多安排一些反转、反差或者充满悬疑的情节，来勾起观众的兴趣。

同时，短视频的节奏很快，时间很短，信息点也很密集，因此每个镜头的内容都要在脚本中交代清楚，这对脚本有了一定的要求。本节主要介绍短视频脚本的一些优化技巧，帮助大家做出更优质的脚本。

3.4.1　站在观众的角度思考

要想拍出真正优质的短视频作品，用户需要站在观众的角度去思考脚本内容的策划。比如，观众喜欢看什么东西，当前哪些内容比较受观众的欢迎，如何拍摄才能让观众看着更有感觉等。

显而易见，在短视频领域，内容比技术更重要，即便是简陋的拍摄场景和服装道具，这些都不重要，只要你的内容足够吸引观众，那么你的短视频就能火起来。

技术是可以慢慢练习的，但内容却需要用户有一定的创作灵感，就像是音乐创作，好的歌手不一定是好的音乐人，好的作品会经久流传。例如，抖音上充斥着各种"五毛特效"，但他们精心设计的内容，仍然获得了观众的喜爱，至少可以认为他们比较懂观众的"心"。

例如，有的短视频账号主要以创作原创搞笑剧集为主，表面上看着比较粗糙，但其实每个道具、表情和情节都恰到好处地体现了他们想表达的搞笑内核，甚至还出现了不少经典台词，获得了大量粉丝的关注和点赞，如图 3-5 所示。

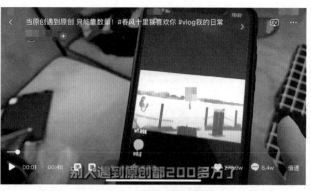

图 3-5

3.4.2 注重审美和画面感

短视频的拍摄和摄影类似，都非常注重审美，审美决定了你的作品高度。如今，随着各种智能手机的摄影功能越来越强大，进一步降低了短视频的拍摄门槛，不管是谁只要拿起手机就能拍摄短视频。

另外，各种剪辑软件也越来越智能化，不管拍摄的画面有多粗制滥造，经过后期剪辑处理，都能变得很好看，就像抖音上神奇的"化妆术"一样。例如，剪映 App 中的"一键成片"功能，就内置了很多模板和效果，用户只需要调入拍好的视频或照片素材，即可轻松做出同款短视频效果，如图 3-6 所示。

也就是说，短视频制作的技术门槛已经越来越低了，普通人也可以轻松创作和发布短视频作品。但是，每个人的审美观是不一样的，短视频的艺术审美和强烈的画面感都是加分项，能够增强用户的竞争力。

用户不仅需要保证视频画面的稳定性和

图 3-6

清晰度，而且还需要突出主体，可以组合各种景别、构图、运镜方式，以及结合快镜头和慢镜头，增强视频画面的运动感、层次感和表现力。总之，要形成好的审美观，用户需要多思考、多琢磨、多模仿、多学习、多总结、多尝试、多实践、多拍摄。

3.4.3 设置冲突和转折

在策划短视频的脚本时，用户可以设计一些反差感强烈的转折场景，通过这种高低落差的安排，能够形成十分明显的对比效果，为短视频带来新意，同时也为观众带来更多笑点。

短视频中的冲突和转折能够让观众产生惊喜感，使他们对剧情的印象更加深刻，从而刺激他们去点赞和转发。下面笔者总结了一些在短视频中设置冲突和转折的相关技巧，如图 3-7 所示。

短视频的灵感来源，除了靠自身的创意想法外，用户也可以多收集一些热梗，这些热梗通常自带流量和话题属性，能够吸引大量观众的点赞。用户可以将短视频的点赞量、评论量、转发量作为筛选依据，找到并收藏抖音、快手等短视频平台上的热门视频，然后进行模仿、跟拍和创新，打造属于自己的优质短视频作品。

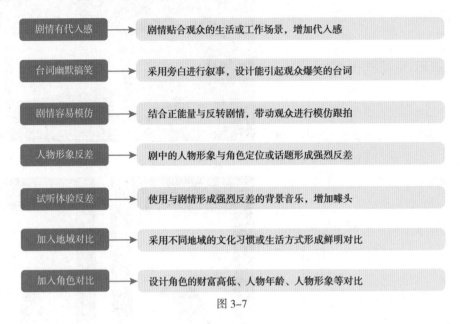

剧情有代入感 →	剧情贴合观众的生活或工作场景，增加代入感
台词幽默搞笑 →	采用旁白进行叙事，设计能引起观众爆笑的台词
剧情容易模仿 →	结合正能量与反转剧情，带动观众进行模仿跟拍
人物形象反差 →	剧中的人物形象与角色定位或话题形成强烈反差
试听体验反差 →	使用与剧情形成强烈反差的背景音乐，增加噱头
加入地域对比 →	采用不同地域的文化习惯或生活方式形成鲜明对比
加入角色对比 →	设计角色的财富高低、人物年龄、人物形象等对比

图 3-7

3.4.4 模仿优质的脚本

如果用户在策划短视频的脚本内容时，很难找到创意，也可以去翻拍和改编一些经典的影视作品。

用户在寻找翻拍素材时，可以去豆瓣电影平台上找到各类影片排行榜（如图 3-8 所示），将排名靠前的影片都列出来，然后在其中搜寻经典的片段，包括某个画面、道具、台词、人物造型等内容，都可以将其用到自己的短视频中。

图 3-8

3.4.5 受欢迎的脚本类型

对于新手来说，账号定位和后期剪辑都不是难点，往往最让他们头疼的就是脚本策划。有时候，一个优质的脚本即可快速将一条短视频推上热门。那么，什么样的脚本才能让短视频上热门，并获得更多点赞呢？如图 3-9 所示，总结了一些优质短视频脚本的常用内容形式。

有价值	→	短视频中提供的信息有实用价值，如知识、技巧等
有观点	→	能够在第一秒就展现出能抓住人心的观点，用词不宜深奥，如生活感悟等
有共鸣	→	短视频内容一定要能够和观众产生共鸣，如价值共鸣、经历共鸣等，获得观众的认同
有冲突	→	如在短视频的开头抛出问题或设置悬念，利用"好奇心"引导观众看完整条视频；或者在中间设置反转剧情，点燃观众的兴趣点
有利益	→	如告诉观众看完这个视频，或者关注自己，他们能够获得哪些利益，能够解决他们的哪些痛点，给出利益点，给观众一个美好的期待
有收获	→	很多观众看短视频时抱着一种学习的态度，希望能够收获新的知识，因此短视频内容需要给观众营造一种"获得感"
有惊喜	→	用户要做出有自己特色的内容，如采用新颖的拍摄手法或故事内容，给观众带来惊喜感
有感官	→	用户可以采用"技术流"的拍法，通过热潮的音乐加上炫酷的特效，给观众带来听觉刺激和视觉刺激

图 3-9

课后实训：创造脚本之前的准备工作

用户在正式开始创作短视频脚本前，需要做好一些前期准备，确定短视频拍摄思路。

（1）内容和主题定位：确定好内容的表现形式和拍摄主题，如情景故事、产品带货、美食探店、服装穿搭、才艺表演或者人物访谈等，然后决定具体的拍摄主题。

（2）选定时间和地点：将各个镜头拍摄的时间定下来，以及选择具体的拍摄地点。

（3）选定 BGM 和参照剧本：选择合适的背景音乐，或者找一个优秀的同类型短视频作为参照物，看看其中有哪些场景和镜头值得借鉴，可以将其用到自己的短视频脚本中。

第 4 章　运镜入门：
9 种简单实用运镜

运镜是一种叙事形式，也是影视作品中镜头语言的直接体现。在短视频拍摄中，在一些分镜头中采用一些简单的运镜，不仅有助于强调环境、刻画人物和营造相应的气氛，而且对短视频的质量有一定提升。本章将为大家介绍 9 种简单实用的运动镜头，帮助大家打好运镜拍摄基础。

4.1　推、拉、移、摇、跟、升和降镜头

　　不同的运镜方式有不同的叙事作用。用推、拉、移、摇、跟、升和降镜头拍摄，可以拍摄人物也可以拍摄景物，不同的运镜方式可以表达不同的主题和情绪，本节将为大家介绍 7 种运镜方式。

4.1.1　推镜头

效果对比　推镜头是指被摄对象的位置不动，镜头从全景或别的景别，由远及近地向被摄对象的方向推进，一般最终景别是近景或者特写。效果展示如图 4-1 所示。

图 4-1

运镜演示　运镜教学视频画面如图 4-2 所示。

图 4-2

运镜拆解　下面对脚本和分镜头做详细的介绍。

步骤 01 模特抬手时，位置
不动，镜头拍摄模
特的背面，如图 4-3
所示。

图 4-3

步骤 02 镜头向前推进，拍
摄到模特肩膀以上
的画面，如图 4-4
所示。

图 4-4

步骤 03 镜头继续从模特手
指所指的方向进行
前推拍摄，并带有
一定的仰拍角度，
如图 4-5 所示。

图 4-5

步骤 04 镜头最终推向手指
外的位置，仰拍树
上的果实，如图 4-6
所示。

图 4-6

4.1.2 拉镜头

效果对比 拉镜头是指人物的位置不动，镜头逐渐远离被摄对象，在远离的过程中使观众产生宽广舒展的感觉，让场景更具有张力。效果展示如图 4-7 所示。

图 4-7

运镜演示 运镜教学视频画面如图 4-8 所示。

图 4-8

运镜拆解 下面对脚本和分镜头做详细的介绍。

步骤 01 模特站着看风景，镜头拍摄模特背面的头部，如图 4-9 所示。

图 4-9

步骤 02 模特位置不动，运镜师向后退，远离模特，并保持模特始终处于画面中心位置，如图 4-10 所示。

图 4-10

步骤 03 运镜师继续后退，画面中的环境因素越来越多，如图 4-11 所示。

图 4-11

步骤 04 运镜师后退到一定的距离，画面中的模特看似变小了，周边的信息量却变多了，如图 4-12 所示。

图 4-12

4.1.3 移镜头

`效果对比` 移镜头是指镜头沿着水平面对各个方向进行移动拍摄，可以把运动中的人物和各种景别交织在一起，从而让画面具有动感和节奏感。效果展示如图 4-13 所示。

图 4-13

`运镜演示` 运镜教学视频画面如图 4-14 所示。

图 4-14

`运镜拆解` 下面对脚本和分镜头做详细的介绍。

步骤 01 镜头拍摄树木，以树木为前景，模特在前景的右侧，如图 4-15 所示。

图 4-15

步骤 02 镜头慢慢向右移动，在移动的过程中，镜头慢慢扫过树木，拍摄到了右侧的小路，模特也从前景右侧进入画面，如图 4-16 所示。

图 4-16

步骤 03 镜头继续移动，前景的画面几乎快没有了，前行的模特变成了画面的视觉中心，如图 4-17 所示。

图 4-17

步骤 04 镜头继续右移一小段距离，模特也越行越远了，慢慢地远离镜头，如图 4-18 所示。

图 4-18

 移镜头按照镜头的移动方向大致可分为横向移动和纵深移动；按照镜头的移动方式，可以分为跟移和摇移。

4.1.4 摇镜头

效果对比 摇镜头是指镜头在固定的位置，拍摄全景或者跟着被摄对象的移动进行摇摄，一般用来介绍环境，或者表达人物的来由和展示人物的连续动作，还可以用来建立不同人物之间的关系。效果展示如图 4-19 所示。

图 4-19

运镜演示 运镜教学视频画面如图 4-20 所示。

图 4-20

下面对脚本和分镜头做详细的介绍。

步骤 01　运镜师找好机位，在固定位置拍摄左侧的风景，如图 4-21 所示。

图 4-21

步骤 02　随着镜头慢慢地向右摇摄，画面中的风景也在改变，只有景别保持不变，如图 4-22 所示。

步骤 03　镜头继续向右摇摄，拍摄到右侧的风景，动态地展示风景全貌，如图 4-23 所示。

图 4-22

图 4-23

4.1.5　跟镜头

效果对比　跟镜头是指镜头跟随移动中的被摄对象进行拍摄，跟随感十分强烈，让观众仿佛置身于现场场景中，具有沉浸感。效果展示如图 4-24 所示。

图 4-24

运镜演示　运镜教学视频画面如图 4-25 所示。

图 4-25

运镜拆解 下面对脚本和分镜头做详细的介绍。

步骤 01 在模特前行的时候，运镜师拍摄模特的背面上半身，如图 4-26 所示。

 中近景

图 4-26

步骤 02 模特慢慢前行，运镜师保持一定距离，进行匀速跟随，如图 4-27 所示。

 中近景

图 4-27

步骤 03 在跟随的过程中，运镜师要尽量保持画面景别不变，只有画面中模特周围的环境在改变，如图 4-28 所示。

 中近景

图 4-28

 跟镜头可以连续而详尽地表现人物在行动中的动作和表情，既能突出运动中的主体，又能交代主体的运动方向、速度、体态及其与环境的关系，展现人物的动态精神面貌。

4.1.6 升镜头

效果对比 升镜头主要是利用升降装置或者人体姿态的改变，做向上运动所进行的拍摄，升镜头随着视点高度的转换，能够给观众带来丰富的视觉美感。效果展示如图 4-29 所示。

图 4-29

运镜演示 运镜教学视频画面如图 4-30 所示。

图 4-30

运镜拆解 下面对脚本和分镜头做详细的介绍。

步骤 01 运镜师选好机位，在模特前行的时候，蹲下拍摄模特背面的腿部，如图 4-31 所示。

图 4-31

步骤 02 模特开始前行，运镜师慢慢站起来，镜头也慢慢升高了，拍摄到了高处的树叶，以此作为前景，如图 4-32 所示。

图 4-32

步骤 03 模特继续前行，镜头在升高的时候，画面中的模特变小了，如图 4-33 所示。

图 4-33

步骤 04 随着模特走远，运镜师可以慢慢抬起手臂进行上升拍摄，展示更宽广和深远的画面空间，如图 4-34 所示。

图 4-34

4.1.7 降镜头

效果对比 降镜头是指利用升降装置或者人体姿态的改变，做向下运动所进行的拍摄，降镜头具有一定的运动感，可以用来展示场景、表现气氛。效果展示如图 4-35 所示。

图 4-35

运镜演示 运镜教学视频画面如图 4-36 所示。

图 4-36

运镜拆解 下面对脚本和分镜头做详细的介绍。

步骤 01 运镜师找好机位之后，抬手拍摄高处的树叶，让模特从镜头下方前行，如图 4-37 所示。

图 4-37

步骤 02 运镜师慢慢放下手臂，镜头慢慢下降，模特走进画面中，如图 4-38 所示。

图 4-38

步骤 03　镜头继续下降，树叶作为前景，画面中的模特全部显现出来，如图 4-39 所示。

图 4-39

步骤 04　运镜师可以慢慢蹲下，让镜头继续下降，下降到一定距离的时候，画面中的模特越行越远，留下空旷的场景，给观众无限遐想，如图 4-40 所示。

图 4-40

4.2　旋转和环绕镜头

旋转镜头是指利用变换着的镜头角度，来拍摄出别样视角的画面，让画面具有新鲜感；环绕镜头则是镜头围绕某个对象进行环绕拍摄，从正面、侧面、背面等几个方位展示主体。

4.2.1　旋转镜头

效果对比　在拍摄旋转镜头的时候，需要把稳定器中的拍摄模式转换为 FPV（First Person View，第一人称主视角），然后旋转手机，并慢慢回正角度来拍摄画面。效果展示如图 4-41 所示。

图 4-41

运镜演示　运镜教学视频画面如图 4-42 所示。

图 4-42

运镜拆解　下面对脚本和分镜头做详细的介绍。

步骤 01　运镜师选好机位，把手机倾斜到一定的角度拍摄画面，如图 4-43 所示。

远景 ➝

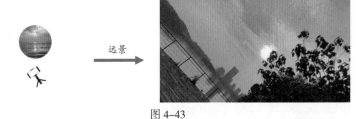

图 4-43

步骤 02　运镜师把手机角度慢慢地旋转回正，画面也随之慢慢地改变，如图 4-44 所示。

远景 ➝

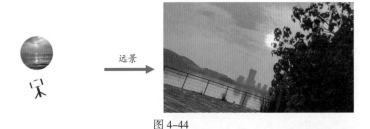

图 4-44

步骤 03　手机角度旋转回正到水平线上，画面也变水平了，如图 4-45 所示。

远景 ➝

图 4-45

4.2.2　环绕镜头

效果对比　在拍摄环绕镜头的时候，需要提前找好被摄对象，然后围绕被摄对象进行环绕 180 度左右的拍摄。当然，除了环绕 180 度，还可以环绕各种角度。效果展示如图 4-46 所示。

图 4-46

运镜演示 运镜教学视频画面如图 4-47 所示。

图 4-47

运镜拆解 下面对脚本和分镜头做详细的介绍。

步骤 01 运镜师在左侧拍摄坐在长椅上的模特，如图 4-48 所示。

 全景 →

图 4-48

步骤 02 以模特为中心，运镜师围绕模特进行环绕拍摄，如图 4-49 所示。

 全景 →

图 4-49

步骤 03 最终从左侧环绕到右侧，环绕角度在 180 度左右，全方位、多角度地展示模特的动作和神态，如图 4-50 所示。

 全景 →

图 4-50

课后实训：甩镜头的拍法

甩镜头一般不是一个单独存在的镜头，需要连接上下两个镜头画面。在拍摄时，镜头需要快速摇摄到另一个方向，来改变画面内容。在快速摇摄的时候，画面也可能是模糊的。这也和我们快速转头看事物一样，比较注重空间的转换和同一时间内在不同场景中所发生的并列情景，甩镜头也常用来表现内容突然过渡的情况。

另一种甩镜头，就是专门拍摄出一段所需方向的快速摇摄镜头画面，然后剪辑到前后两个镜头之间。在剪辑的时候，对于甩镜的方向、速度和快慢，以及过程的长度，应该与前后镜头的动作及其方向、速度相适应。

效果对比 本案例中两段视频的甩镜方向都是向右甩，在快速摇摄的时候，速度都差不多，剪辑后就能制作出无缝甩镜转场。效果展示如图 4-51 所示。

图 4-51

运镜演示 运镜教学视频画面如图 4-52 所示。

图 4-52

第 5 章　运镜提高：
18 种基础转接运镜

在上一章学习了 9 种简单实用的入门运镜之后，本章将带
领大家学习 18 种基础转接运镜，让大家在学习新的运镜方式
的时候，同时巩固和强化上一章学习的基础运镜方式。本章也
是偏过渡的一个章节，希望大家都可以稳步提高。

5.1 9种基础运镜

　　本节的基础运镜主要介绍一些常见和实用的运镜方式，学习本节的运镜方式可以温故知新，在学习新的运镜方式的同时重温上一章的入门运镜，奠定坚实的运镜基础。

5.1.1 正面跟随

效果对比 正面跟随镜头是跟随镜头里的一种，这款镜头的特点主要是从被摄对象的正面进行跟随，跟踪记录人物的神情。效果展示如图 5-1 所示。

图 5-1

运镜演示 运镜教学视频画面如图 5-2 所示。

图 5-2

运镜拆解 下面对脚本和分镜头做详细的介绍。

　　步骤 01　运镜师处于模特的正面，与模特保持一定的距离，主要用平拍的角度拍摄模特，如图 5-3 所示。

图 5-3

步骤 02 在模特前行的时候，运镜师向后退，跟随拍摄模特的正面，如图 5-4 所示。

图 5-4

步骤 03 跟随模特前行的过程中，运镜师尽量保持和模特一样的步行速度，跟上模特的步伐，记录模特的神情变化，同时保持景别不变，如图 5-5 所示。

图 5-5

5.1.2 侧面跟随

效果对比 侧面跟随镜头需要运镜师在模特的侧面进行跟随拍摄，侧面跟随镜头的好处是展现人物另一面的美，营造别样的气氛。效果展示如图 5-6 所示。

图 5-6

运镜演示 运镜教学视频画面如图 5-7 所示。

图 5-7

运镜拆解 下面对脚本和分镜头做详细的介绍。

步骤 01　模特在低处，运镜师站在坡地上，拍摄模特的侧面，如图 5-8 所示。

图 5-8

步骤 02　在模特前行的时候，运镜师跟随模特前行，并保持人物始终处于画面中心位置，如图 5-9 所示。

图 5-9

步骤 03　运镜师跟随模特一段距离，连续稳定地记录人物的运动全程，如图 5-10 所示。

图 5-10

5.1.3 垂直摇摄

效果对比 垂直摇摄是指从垂直面上进行摇摄的镜头,可以从上至下地摇摄,也可以从下至上地摇摄,一般用来展示比较高大的场景或者物体。效果展示如图 5-11 所示。

图 5-11

运镜演示 运镜教学视频画面如图 5-12 所示。

图 5-12

运镜拆解 下面对脚本和分镜头做详细的介绍。

步骤 01 运镜师找好机位,在固定位置拍摄树木的顶端,如图 5-13 所示。

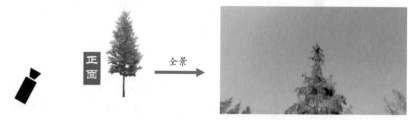

图 5-13

步骤 02 运镜师握着稳定器手柄进行下摇,云台会跟随手柄的移动方向一起移动,镜头拍摄到树木中间的部位,如图 5-14 所示。

步骤 03 镜头继续下摇,拍摄到树木底下的部位,从上至下地展示树木的垂直全貌,如图 5-15 所示。

图 5-14

图 5-15

垂直摇摄镜头还可以用来拍摄高大的建筑、雕像、高山等场景，让被摄对象看起来更加高大。

5.1.4 过肩推镜

效果对比 过肩推镜主要是手机镜头从人物的肩膀越过去，向目标对象推进，让画面更有深度。效果展示如图 5-16 所示。

图 5-16

运镜演示 运镜教学视频画面如图 5-17 所示。

图 5-17

下面对脚本和分镜头做详细的介绍。

步骤 01 模特固定位置看风景，运镜师在远处拍摄模特的背面，如图 5-18 所示。

图 5-18

步骤 02 运镜师开始将镜头向前推进，离模特越来越近，如图 5-19 所示。

图 5-19

步骤 03 镜头推进到模特肩膀左右的位置，准备越过肩膀，如图 5-20 所示。

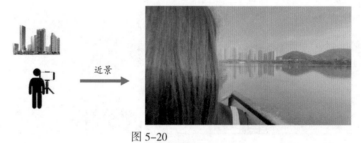

图 5-20

步骤 04 越过肩膀之后，继续前推一小段距离，展示模特前方的风景，如图 5-21 所示。

图 5-21

5.1.5 过肩后拉

效果对比 过肩后拉主要是手机镜头从人物的肩膀越过去，远离目标对象，让画面具有层次感。效果展示如图 5-22 所示。

图 5-22

运镜演示 运镜教学视频画面如图 5-23 所示。

图 5-23

运镜拆解 下面对脚本和分镜头做详细的介绍。

步骤 01 模特固定位置，运镜师拍摄模特前方的风景，如图 5-24 所示。

图 5-24

步骤 02 运镜师开始后退，镜头越过模特的肩膀，如图 5-25 所示。

图 5-25

步骤 03　镜头越过模特肩膀之后，运镜师继续后退，远离模特，并在后拉的过程中，始终保持主体
人物处于画面中心位置，如图 5-26 所示。

图 5-26

5.1.6　前景跟随

效果对比　在跟随拍摄的过程中，选择合适的前景，可以在运动镜头中增强画面的空间深度，优化
构图和衬托主体。效果展示如图 5-27 所示。

图 5-27

运镜演示　运镜教学视频画面如图 5-28 所示。

图 5-28

运镜拆解 下面对脚本和分镜头做详细的介绍。

步骤 01 以围栏为前景，模特在围栏的内侧行走，运镜师在围栏的另一侧，放大焦距，用长焦镜头拍摄模特的侧面，如图 5-29 所示。

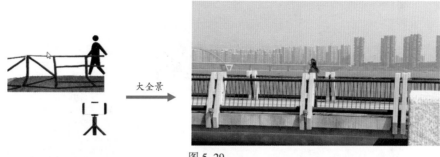

图 5-29

步骤 02 在模特前行的时候，运镜师跟随拍摄模特，在跟随的过程中，尽量保持景别不变，利用前景的变化，增加画面的流动感，如图 5-30 所示。

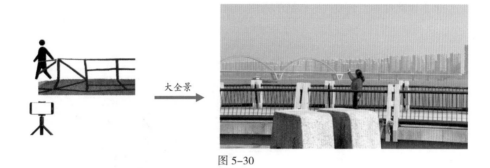

图 5-30

5.1.7　低角度跟随

效果对比 低角度镜头是指从人物腰线以下向上拍摄的镜头，用这种角度进行跟随拍摄，不仅可以体现出画面中人物所处的环境信息，同时可以放大人物形象，让人物看起来很有力量或者很脆弱。效果展示如图 5-31 所示。在进行低角度拍摄的时候，最好采用广角模式进行拍摄，让画面中容纳更多的因素。

图 5-31

运镜演示 运镜教学视频画面如图 5-32 所示。

图 5-32

运镜拆解 下面对脚本和分镜头做详细的介绍。

步骤 01　运镜师在模特的背面，倒拿手机稳定器，低角度拍摄模特背面和模特周围的环境，如图 5-33 所示。

图 5-33

步骤 02　在模特前行的时候，运镜师在模特的背面进行跟随拍摄，如图 5-34 所示。

图 5-34

步骤 03　运镜师跟随模特行走一段距离，并尽量保持全程的景别一致，如图 5-35 所示。

图 5-35

5.1.8 高角度俯拍跟随

效果对比　高角度俯拍主要是从高角度向下俯视主体，因此主体会有种被"吞噬"的视觉效果，在跟随拍摄的时候，会显得被摄主体很娇小。效果展示如图 5-36 所示。

图 5-36

运镜演示　运镜教学视频画面如图 5-37 所示。

图 5-37

运镜拆解　下面对脚本和分镜头做详细的介绍。

步骤 01　运镜师抬高手机稳定器，在模特的侧面进行高角度俯拍，如图 5-38 所示。

图 5-38

步骤 02　在模特前行的时候，运镜师在模特的侧面进行跟随拍摄，如图 5-39 所示。

图 5-39

步骤 03 运镜师跟随模特行走一段距离，并尽量保持景别一致，如图 5-40 所示。

图 5-40

> 除了选择有高度差的地点和抬高手臂进行高角度俯拍，还可以利用自拍延长杆或者稳定器延长杆进行高角度俯拍。当然，高角度不一定是把手机镜头放在很高的地方，从运镜师的眼下拍摄其俯视的被摄主体，也算是一种高角度俯拍。

5.1.9 斜侧面反向跟随

效果对比 从被摄人物的斜侧面进行反向跟随拍摄，可以用镜头角度修饰人物的脸型和身材，让人物看起来更"显瘦"，而且会产生形体透视和空间透视感。效果展示如图 5-41 所示。反向跟随也就是在被摄对象前进的时候，运镜师是倒退的，二者的运动方向是相反的。

图 5-41

运镜演示 运镜教学视频画面如图 5-42 所示。

图 5-42

运镜拆解 下面对脚本和分镜头做详细的介绍。

步骤 01　运镜师在模特的前方，离模特有一定的距离，从模特的斜侧面进行拍摄，如图 5-43 所示。

图 5-43

步骤 02　在模特前行的时候，运镜师在模特的斜侧面进行反向跟随拍摄，如图 5-44 所示。

图 5-44

步骤 03　运镜师跟随模特行走一段距离，并尽量保持景别一致，如图 5-45 所示。

图 5-45

5.2　9种转接运镜

　　转接运镜一般由两个左右的镜头连接在一起，这种运镜方式可以让镜头的运动形式更加丰富，同时增加视频亮点，本节将介绍 9 种转接运镜。

5.2.1　横移推镜头

　　效果对比　横移推镜头是运镜师跟随人物横移运镜并逐渐向人物推镜，展现了人物与环境的关系，引导观众把注意力放在人物身上。效果展示如图 5-46 所示。

图 5-46

　　运镜演示　运镜教学视频画面如图 5-47 所示。

图 5-47

　　运镜拆解　下面对脚本和分镜头做详细的介绍。

　　步骤 01　模特在运镜师的左侧行走，镜头拍摄右侧的前景，如图 5-48 所示。

图 5-48

步骤 02　镜头从右至左横移拍摄模特，让模特成为画面的主体，如图 5-49 所示。

图 5-49

步骤 03　运镜师可以加快速度，让镜头前推一段距离，让画面焦点聚焦在模特身上，如图 5-50
所示。

图 5-50

5.2.2　下摇甩镜头

效果对比　下摇甩镜头是先下摇再甩镜，用甩镜制作转场，可以让画面连接得更加自然。由于是向
下甩，所以连接画面的运镜方向最好也是上下方向。效果展示如图 5-51 所示。

图 5-51

运镜演示 运镜教学视频画面如图 5-52 所示。

图 5-52

运镜拆解 下面对脚本和分镜头做详细的介绍。

步骤 01 模特在运镜师前方行走,镜头拍摄模特上方的天空,如图 5-53 所示。

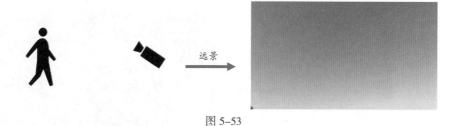

图 5-53

步骤 02 镜头开始下摇,模特慢慢进入画面,如图 5-54 所示。

图 5-54

步骤 03 在模特进入画面之后,镜头开始向下快速甩镜,拍摄到地面,如图 5-55 所示。

图 5-55

步骤 04　在甩镜画面结束之后，连接一小段上升跟随的模特走路运镜视频，如图 5-56 所示。

图 5-56

5.2.3　前推后拉镜头

效果对比　前推后拉镜头是在前推镜头之后连接后拉镜头，两段运镜画面是连接在一段视频中的，多个维度地展示人物所处的环境。效果展示如图 5-57 所示。

图 5-57

运镜演示　运镜教学视频画面如图 5-58 所示。

图 5-58

运镜拆解　下面对脚本和分镜头做详细的介绍。

步骤 01　运镜师在模特的斜侧面拍摄，离模特远一点，如图 5-59 所示。

图 5-59

步骤 02　模特的位置不变，镜头开始前推，离模特稍微近一点，如图 5-60 所示。

图 5-60

步骤 03　镜头靠近模特之后，镜头慢慢转向模特的另一斜侧面，如图 5-61 所示。

图 5-61

步骤 04　镜头从模特的另一斜侧面后拉，离模特越来越远，如图 5-62 所示。

图 5-62

5.2.4　下摇后拉镜头

效果对比　下摇后拉镜头是镜头先仰拍然后下摇至平拍的角度，并进行后拉，展示更多的环境画面。效果展示如图 5-63 所示。

图 5-63

运镜演示 运镜教学视频画面如图 5-64 所示。

图 5-64

运镜拆解 下面对脚本和分镜头做详细的介绍。

步骤 01 运镜师在模特的背面，仰拍模特头部上方的天空，如图 5-65 所示。

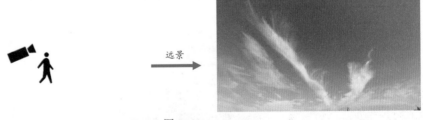

图 5-65

步骤 02 在模特前行的时候，镜头下摇至拍摄模特，如图 5-66 所示。

图 5-66

步骤 03 模特继续前行，运镜师后退运镜，进行后拉拍摄，如图 5-67 所示。

图 5-67

5.2.5　旋转左摇镜头

效果对比 旋转左摇镜头是指镜头在旋转回正时进行左摇，由景到人，让画面转换更加自然和流畅。效果展示如图 5-68 所示。

图 5-68

运镜演示 运镜教学视频画面如图 5-69 所示。

图 5-69

运镜拆解 下面对脚本和分镜头做详细的介绍。

步骤 01 运镜师旋转一定的手机角度拍摄江面风景，模特在运镜师的左侧，如图 5-70 所示。

图 5-70

步骤 02 回正手机的旋转角度，并在回正的时候向左微微摇摄，如图 5-71 所示。

图 5-71

步骤 03 镜头左摇至拍摄模特，让模特处于画面的中心位置，如图 5-72 所示。

图 5-72

 在拍摄远距离的风光时，可以使用长焦镜头，长焦镜头可以简化背景，产生一定的空间压缩感，并凸显主体。

5.2.6 下降环绕镜头

效果对比 下降环绕镜头是镜头从高处慢慢下降，下降之后开始环绕模特，展示人物不同的角度和展现不同的环境背景。效果展示如图 5-73 所示。

图 5-73

运镜演示 运镜教学视频画面如图 5-74 所示。

图 5-74

运镜拆解 下面对脚本和分镜头做详细的介绍。

步骤 01 模特站在江边的石头上，运镜师在模特的右侧并高举手机稳定器，拍摄模特头部上方的风景，如图 5-75 所示。

图 5-75

步骤 02 镜头慢慢下降，模特逐渐展现在画面中，如图 5-76 所示。

图 5-76

步骤 03 镜头下降到一定的位置，并进行仰拍，如图 5-77 所示。

图 5-77

步骤 04 运镜师保持仰拍角度，环绕到模特的背面，如图 5-78 所示。

图 5-78

步骤 05　运镜师环绕到模特的另一侧，展现不同的画面，如图 5-79 所示。

图 5-79

5.2.7　跟随上升镜头

效果对比　跟随上升镜头是先跟随人物前行一段距离，然后上升镜头，改变画面中的背景。效果展示如图 5-80 所示。

图 5-80

运镜演示　运镜教学视频画面如图 5-81 所示。

图 5-81

运镜拆解 下面对脚本和分镜头做详细的介绍。

步骤 01 运镜师以草为前景，在模特前行的时候，拍摄模特的侧面，如图 5-82 所示。

图 5-82

步骤 02 在模特前行时，运镜师跟随模特前行一段距离，如图 5-83 所示。

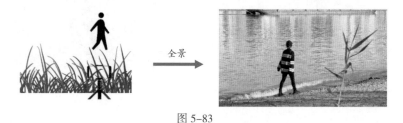

图 5-83

步骤 03 在模特停下脚步的时候，镜头慢慢上升，展示更远处的环境，如图 5-84 所示。

图 5-84

　　在跟随拍摄的时候，移动幅度较大和移动速度较快都会造成晃动，让画面不稳，所以在跟随的过程中，可以减慢移动速度和减小移动的幅度；或者在后期剪辑时，删除不稳定的片段，留下稳定的画面，让成品镜头画面更加平稳和自然。

5.2.8 旋转前推镜头

效果对比 旋转前推镜头是运镜师将手机旋转一定的角度拍摄画面，在回正角度的时候进行前推，转移焦点和转换画面场景。效果展示如图 5-85 所示。

图 5-85

运镜演示　运镜教学视频画面如图 5-86 所示。

图 5-86

运镜拆解　下面对脚本和分镜头做详细的介绍。

步骤 01　运镜师把手机旋转一定的角度拍摄模特的背面，如图 5-87 所示。

图 5-87

步骤 02　在模特看风景的时候，手机慢慢回正角度，并进行前推，越过模特的肩膀，如图 5-88 所示。

图 5-88

步骤 03　在前推拍摄的时候，手机角度回正至水平线上，如图 5-89 所示。

图 5-89

5.2.9 上升跟摇镜头

效果对比 上升跟摇镜头是镜头在上升之后，跟摇拍摄运动中的主体，全程捕捉被摄主体的动作和神态。效果展示如图 5-90 所示。

图 5-90

运镜演示 运镜教学视频画面如图 5-91 所示。

图 5-91

运镜拆解 下面对脚本和分镜头做详细的介绍。

步骤 01 模特从远处走来，运镜师在模特的正面，下蹲低角度拍摄模特，如图 5-92 所示。

图 5-92

步骤 02　在模特走向镜头的时候，运镜师慢慢升高镜头，如图 5-93 所示。

图 5-93

步骤 03　上升镜头之后，从模特正面摇摄至模特的背面，如图 5-94 所示。

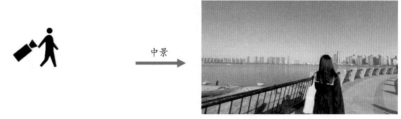

图 5-94

步骤 04　在模特前行时，运镜师固定位置，继续跟摇拍摄模特，让模特处于画面的中心位置，如图 5-95 所示。

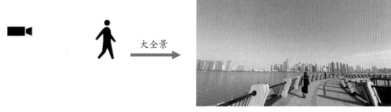

图 5-95

课后实训：仰拍横移镜头的拍法

效果对比　仰拍镜头需要运镜师把镜头向上摇，仰角可以是轻微的，也可以是大仰角，用仰角镜头进行横移拍摄，从一个主体横移到另一个主体，比如从前景横移到被摄人物上，这个镜头可以用来揭示人物的出场，同时展现更多的背景环境。效果展示如图 5-96 所示。

图 5-96

运镜教学视频画面如图 5-97 所示。

图 5-97

第 6 章　运镜能手：
21 种常见组合运镜

组合运镜是两种运镜方式组合在一起的镜头。在前面几章我们学习了基础运镜，在打好基础、练好基本功之后，就可以用组合运镜创作出更多精彩的作品。本章我们来学习 21 种常见组合运镜，提升大家的运镜水平。

6.1 11种常见运镜

本节的常见运镜一般是由两种运镜方式结合在一起的，在前一种运镜过程中包含后一种运镜方式，所以在拍摄时需要做到同步性，这样才能完整地完成运镜拍摄。

6.1.1 旋转跟随镜头

效果对比 旋转跟随镜头是指运镜师在跟随人物拍摄的时候，将手机旋转一定的角度，并一面跟随一面旋转手机，从而展示不一样的酷炫空间画面，并且可以让观众产生眩晕感。效果展示如图 6-1 所示。

图 6-1

运镜演示 运镜教学视频画面如图 6-2 所示。

图 6-2

运镜拆解 下面对脚本和分镜头做详细的介绍。

步骤 01 运镜师处于模特的背面，开启手机稳定器的 FPV 模式，并把手机旋转一定的角度拍摄模特，如图 6-3 所示。

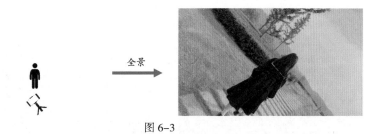

图 6-3

步骤 02　在模特前行的时候，运镜师顺时针旋转手机，如图 6-4 所示。

图 6-4

步骤 03　模特继续前行，运镜师继续顺时针旋转手机，并跟随模特前行，如图 6-5 所示。

图 6-5

步骤 04　运镜师在跟随模特的过程中，继续顺时针旋转手机至倒置的角度，几乎不能继续旋转了之后，就停止拍摄，如图 6-6 所示。

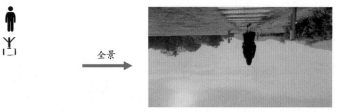

图 6-6

> 温馨提示　在拍摄旋转跟随镜头的时候，场景最好选择引导线效果比较明显的小路或者广场，为了安全，也应该尽量选择在封闭路段拍摄。

6.1.2　环绕后拉镜头

效果对比　环绕后拉镜头是指被摄主体位置不变，运镜师在拍摄被摄主体的时候，由近及远地环绕拍摄，犹如扫视一般，刷出被摄主体的存在感。并且，背景画面也在变化，被摄主体与背景环境的视差转变，具有强烈的立体感。效果展示如图 6-7 所示。

图 6-7

运镜演示 运镜教学视频画面如图 6-8 所示。

图 6-8

运镜拆解 下面对脚本和分镜头做详细的介绍。

步骤 01 模特在看江面风景，运镜师靠近模特，在模特的右侧，拍摄模特的上半身侧面，如图 6-9 所示。

图 6-9

步骤 02 运镜师远离模特，并环绕到模特的背面，如图 6-10 所示。

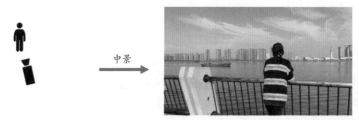

图 6-10

步骤 03 从模特的背面环绕到左侧，并离模特越来越远，如图 6-11 所示。

全景

图 6-11

6.1.3 上升跟随镜头

效果对比 上升跟随镜头是指运镜师在跟随主体穿越场景时上升镜头，带来视角及物理位置的改变，可以给观众带来相应的沉浸感。效果展示如图 6-12 所示。

图 6-12

运镜演示 运镜教学视频画面如图 6-13 所示。

图 6-13

运镜拆解 下面对脚本和分镜头做详细的介绍。

步骤 01 运镜师放低机位，在模特的背面跟随前行，如图 6-14 所示。

全景

图 6-14

步骤 02 在跟随模特拍摄的过程中，运镜师慢慢升高机位，进行升镜头拍摄，如图 6-15 所示。

中景

图 6-15

步骤 03 运镜师跟随和升镜头拍摄至一定的距离和高度，展示出更辽阔的视觉空间，如图 6-16 所示。

中景

图 6-16

6.1.4 下降前推镜头

效果对比 下降前推镜头是指被摄主体位置不变，镜头从高处下降的同时进行前推，改变画面焦点。效果展示如图 6-17 所示。

图 6-17

运镜演示 运镜教学视频画面如图 6-18 所示。

图 6-18

运镜拆解 下面对脚本和分镜头做详细的介绍。

步骤 01 模特在固定位置看风景，运镜师高举手机稳定器，拍摄模特和风景，如图 6-19 所示。

图 6-19

步骤 02 运镜师开始向前推进，并慢慢下降机位，如图 6-20 所示。

图 6-20

步骤 03 镜头下降并推进到模特腰部以上的位置，以模特背面为焦点，如图 6-21 所示。

图 6-21

6.1.5 环绕跟摇镜头

环绕跟摇镜头是指模特环绕镜头行走一圈，镜头跟摇360度，在环绕跟摇过程中，模特始终处于画面中心位置。效果展示如图6-22所示。

图 6-22

运镜教学视频画面如图6-23所示。

图 6-23

下面对脚本和分镜头做详细的介绍。

步骤 01 运镜师固定位置，最好处于平台的中心位置，模特与镜头保持一定的距离，开始出发，如图6-24所示。

图 6-24

步骤 02 在模特围绕镜头行走的时候，运镜师跟摇拍摄模特，如图6-25所示。

全景

图 6-25

步骤 03 模特在围绕镜头行走的时候,与镜头始终保持不变的距离,但可以改变一些姿势,让画面看起来不那么单调,运镜师在跟摇的时候,确保模特始终处于画面中心位置,如图 6-26 所示。

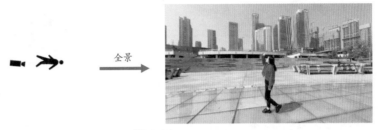

全景

图 6-26

步骤 04 模特围绕镜头行走一周后,回到起始地点,镜头也跟摇拍摄了 360 度左右,如图 6-27 所示。

全景

图 6-27

6.1.6 上升环绕镜头

效果对比 上升环绕镜头是镜头在上升的过程中慢慢环绕被摄主体,不仅可以表现纵深空间中的点面关系,还能实现内容的转变,利用镜头角度和高度的变化来表达情绪,让观众更有代入感。效果展示如图 6-28 所示。

图 6-28

运镜演示 运镜教学视频画面如图 6-29 所示。

图 6-29

运镜拆解 下面对脚本和分镜头做详细的介绍。

步骤 01 运镜师在模特的右侧，稍微降低机位拍摄模特的全身，如图 6-30 所示。

图 6-30

步骤 02 镜头慢慢上升，并环绕到模特的背面，如图 6-31 所示。

图 6-31

步骤 03 镜头继续上升，从模特的背面环绕到其左侧面，并在环绕的过程中使模特始终处于画面中心位置，如图 6-32 所示。

图 6-32

6.1.7　下降后拉镜头

效果对比　下降后拉镜头是指镜头在下降的时候，同时进行后拉，展示被摄主体的全貌。效果展示如图 6-33 所示。

图 6-33

运镜演示　运镜教学视频画面如图 6-34 所示。

图 6-34

运镜拆解　下面对脚本和分镜头做详细的介绍。

步骤 01　模特固定位置不变，运镜师高举手机稳定器，拍摄模特头部上方的风景，如图 6-35 所示。

图 6-35

步骤 02　运镜师从模特反侧面慢慢把镜头降下来，同时慢慢后退，如图 6-36 所示。

图 6-36

步骤 03　运镜师可以放低身体重心、半蹲着，让镜头继续下降，并且后退一段距离，如图 6-37 所示。

图 6-37

在拍摄广阔的环境时，可以开启广角模式，一般手机中的广角模式就是 0.5x 焦距。广角视角焦距短、视角大、范围广，可以容纳更多的景物。

6.1.8　旋转后拉镜头

效果对比　旋转后拉镜头是手机旋转一定的角度拍摄，在手机回正角度的时候进行后拉，可以多角度展示景物并产生穿越感。效果展示如图 6-38 所示。

图 6-38

运镜演示　运镜教学视频画面如图 6-39 所示。

图 6-39

运镜拆解　下面对脚本和分镜头做详细的介绍。

步骤 01　运镜师把手机旋转一定的角度，拍摄模特前方的风景，如图 6-40 所示。

图 6-40

步骤 02 运镜师把手机顺时针旋转，回正手机的角度，在回正时进行后拉拍摄，后拉到模特的背面，如图 6-41 所示。

图 6-41

步骤 03 运镜师继续后退，进行后拉拍摄，展示模特全貌和更多的风景，如图 6-42 所示。

图 6-42

在选择拍摄场景时，除了要选择背景简洁的环境，还有注意场景的地面环境，平坦的地面可以为模特和运镜师的走动带来更多的便利。在拍摄时，也要注意减少路人入镜，尽量避免路人的正脸入镜，防止侵犯他人的肖像权，除非已经征得他人的同意，可以入镜。

6.1.9 旋转下降镜头

效果对比 旋转下降镜头是指手机在旋转回正角度的时候，降低机位，同时进行下降拍摄。效果展示如图 6-43 所示。

图 6-43

运镜演示 运镜教学视频画面如图 6-44 所示。

图 6-44

运镜拆解 下面对脚本和分镜头做详细的介绍。

步骤 01 运镜师把手机旋转一定的角度，拍摄模特上方的天空，如图 6-45 所示。

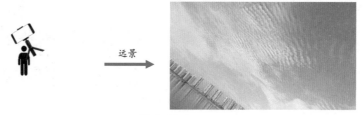

图 6-45

步骤 02 在回正角度的时候，镜头下降到拍摄模特的上半身，如图 6-46 所示。

图 6-46

步骤 03 镜头再微微下降一点，让模特成为画面的焦点，如图 6-47 所示。

图 6-47

6.1.10　旋转环绕镜头

效果对比　旋转环绕镜头是旋转手机，并围绕被摄主体一定的角度，展示多个角度下的主体，让视频更有趣味。效果展示如图 6-48 所示。

图 6-48

运镜演示　运镜教学视频画面如图 6-49 所示。

图 6-49

运镜拆解　下面对脚本和分镜头做详细的介绍。

步骤 01　运镜师把手机旋转一定的角度，俯拍坐着的模特，如图 6-50 所示。

图 6-50

步骤 02　运镜师将手机顺时针旋转，环绕拍摄到模特的正面，如图 6-51 所示。

图 6-51

步骤 03　运镜师继续顺时针旋转手机，并环绕拍摄到模特的另一侧，如图 6-52 所示。

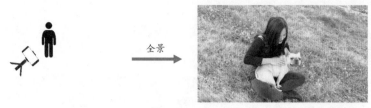

图 6-52

步骤 04　最后手机旋转和环绕到画面中模特的侧面，如图 6-53 所示。

图 6-53

6.1.11　低角度仰拍侧跟

效果对比　低角度仰拍侧跟是指运镜师在跟随拍摄模特侧面的时候，降低角度进行跟随仰拍，让画面容纳更多的背景环境，用这种非常规角度拍摄让观众产生新鲜感。效果展示如图 6-54 所示。

图 6-54

运镜演示　运镜教学视频画面如图 6-55 所示。

图 6-55

运镜拆解 下面对脚本和分镜头做详细的介绍。

步骤 01 运镜师在模特侧面，微微弯腰，低角度仰拍模特的上半身，如图 6-56 所示。

图 6-56

步骤 02 在模特前行的时候，运镜师跟随模特前行，如图 6-57 所示。

图 6-57

步骤 03 在跟随模特前行的过程中，运镜师需要始终保持仰拍角度不变并让模特处于画面的中心位置，如图 6-58 所示。

图 6-58

6.2 10种组合运镜

组合运镜是两段镜头组合在一起的运镜方式，学习并掌握本节的 10 种组合运镜，让你的短视频拍摄水平再提高一个层次。

6.2.1 后拉 + 环绕运镜

效果对比 后拉 + 环绕运镜是镜头先后拉，然后环绕一小段距离，转换拍摄角度和位置，让视频更有动感。效果展示如图 6-59 所示。

图 6-59

运镜演示　运镜教学视频画面如图 6-60 所示。

图 6-60

运镜拆解　下面对脚本和分镜头做详细的介绍。

步骤 01　模特在运镜师的右侧行走，运镜师在模特前面一点的位置，先拍摄前方的风景，如图 6-61 所示。

图 6-61

步骤 02　运镜师开始后退，进行后拉拍摄，模特从右侧进入画面，如图 6-62 所示。

图 6-62

步骤 03　在模特向前行走的时候，运镜师继续后退，并向右侧栏杆的位置环绕，如图 6-63 所示。

图 6-63

步骤 04 运镜师慢慢后退环绕到右侧栏杆的位置，画面中的模特越走越远，如图 6-64 所示。

图 6-64

在拍摄选址的时候，延伸的道路、栏杆，以及各种线条感比较强烈的场景，都可以作为拍摄地点，在拍摄构图的时候，就能轻松地拍出美感。

6.2.2 横移 + 环绕运镜

效果对比 横移 + 环绕运镜是镜头先横移拍摄，然后环绕被摄主体一定的角度，适合用来交代环境和揭示人物出场。效果展示如图 6-65 所示。

图 6-65

运镜演示 运镜教学视频画面如图 6-66 所示。

图 6-66

运镜拆解 下面对脚本和分镜头做详细的介绍。

步骤 01 模特在远处，运镜师拍摄旁边的风景，如图 6-67 所示。

图 6-67

步骤 02 镜头右移一定的距离，模特也向镜头走来，如图 6-68 所示。

图 6-68

步骤 03 在模特与运镜师快要相遇的时候，运镜师向右移动，慢慢环绕到模特的侧面，如图 6-69 所示。

图 6-69

步骤 04 运镜师继续环绕到模特的背面，揭示人物出场，如图 6-70 所示。

图 6-70

　　一般在环绕、摇摄镜头中，手机稳定器适合开启云台跟随模式；而在旋转镜头中，手机稳定器适合开启 FPV 模式或者旋转拍摄模式；俯仰锁定模式则在俯拍、仰拍中比较常见。

6.2.3 推镜头 + 跟镜头

效果对比 推镜头 + 跟镜头是由前推镜头和跟随镜头组合在一起的，被摄主体的运动轨迹是一条直线，运镜师的运动轨迹则是直角，这组镜头也适合用在人物出场的画面中。效果展示如图 6-71 所示。

图 6-71

运镜演示 运镜教学视频画面如图 6-72 所示。

图 6-72

运镜拆解 下面对脚本和分镜头做详细的介绍。

步骤 01 运镜师在模特的侧面，离模特的位置比较远，模特在画面的右侧并向前直行，如图 6-73 所示。

图 6-73

步骤 02 在模特前行的时候，运镜师向前推进镜头，直到与模特相遇，如图 6-74 所示。

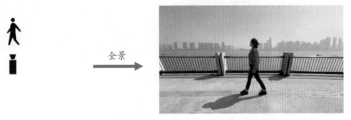

图 6-74

步骤 03 相遇之后，运镜师开始绕到模特的背面，如图 6-75 所示。

图 6-75

步骤 04 运镜师在跟随模特的过程中环绕拍摄到模特的背面，如图 6-76 所示。

图 6-76

步骤 05 最后，运镜师从模特的背面拍摄，并跟随模特行走一段距离，如图 6-77 所示。

图 6-77

6.2.4 反向跟随 + 环绕

效果对比 反向跟随 + 环绕镜头是运镜师反向跟随模特前行，然后再从正面环绕到背面拍摄。效果展示如图 6-78 所示。

图 6-78

运镜演示 运镜教学视频画面如图 6-79 所示。

图 6-79

运镜拆解 下面对脚本和分镜头做详细的介绍。

步骤 01 运镜师在模特的正面, 在模特前行的时候, 运镜师后退反向跟随, 如图 6-80 所示。

图 6-80

步骤 02 跟随一段距离之后, 运镜师环绕到模特的侧面, 如图 6-81 所示。

图 6-81

步骤 03 运镜师最后环绕到模特的背面, 并拍摄模特前方的风景, 如图 6-82 所示。

图 6-82

6.2.5 上摇 + 背面跟随

效果对比 上摇 + 背面跟随是镜头从俯拍角度上摇到平拍角度，并且在模特的背面跟随模特前行。效果展示如图 6-83 所示。

图 6-83

运镜演示 运镜教学视频画面如图 6-84 所示。

图 6-84

运镜拆解 下面对脚本和分镜头做详细的介绍。

步骤 01 运镜师在模特的背面，俯拍地面和模特的腿，如图 6-85 所示。

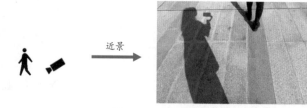

图 6-85

步骤 02 在模特前行的时候，镜头慢慢上摇，如图 6-86 所示。

图 6-86

步骤 03 在跟随模特前行时，镜头上摇至平拍角度，如图 6-87 所示。

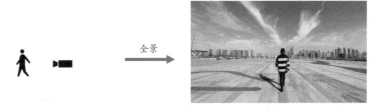

图 6-87

步骤 04 运镜师在模特的背后跟随拍摄一段距离，如图 6-88 所示。

图 6-88

6.2.6 侧面跟随 + 摇镜

效果对比 侧面跟随 + 摇镜是在进行侧面跟随之后，镜头开始摇摄，改变被摄主体的拍摄角度。效果展示如图 6-89 所示。

图 6-89

运镜演示 运镜教学视频画面如图 6-90 所示。

图 6-90

运镜拆解　下面对脚本和分镜头做详细的介绍。

步骤 01　在模特前行的时候，运镜师在模特的侧面跟随拍摄，如图 6-91 所示。

图 6-91

步骤 02　跟随一段距离之后，运镜师停止跟随，模特继续前行，镜头向左摇摄，如图 6-92 所示。

图 6-92

步骤 03　镜头继续向左摇摄，直到拍摄到模特的背面，画面中的模特则越走越远，如图 6-93 所示。

图 6-93

　　在进行跟随拍摄的时候，可以选择只拍摄模特的上半身，也可以选择拍摄模特的全身，根据拍摄场景的大小和画面效果而定。

6.2.7　摇镜头 + 后拉运镜

效果对比　摇镜头 + 后拉运镜是镜头在摇摄之后进行后拉，与被摄主体渐渐产生距离感。效果展示如图 6-94 所示。

图 6-94

运镜演示 运镜教学视频画面如图 6-95 所示。

图 6-95

运镜拆解 下面对脚本和分镜头做详细的介绍。

步骤 01 在模特行走的时候，运镜师在模特的斜侧方拍摄，如图 6-96 所示。

图 6-96

步骤 02 运镜师固定位置摇摄镜头，从拍摄模特正面摇摄到背面，如图 6-97 所示。

图 6-97

步骤 03 在模特越走越远的时候，镜头后拉一段距离，如图 6-98 所示。

图 6-98

6.2.8 降镜头 + 左摇运镜

效果对比 降镜头 + 左摇运镜是镜头在下降之后向左摇摄，改变画面焦点，由景至人。效果展示如图 6-99 所示。

图 6-99

运镜演示 运镜教学视频画面如图 6-100 所示。

图 6-100

运镜拆解 下面对脚本和分镜头做详细的介绍。

步骤 01 模特在运镜师的左侧，运镜师举高手机稳定器拍摄远处的天空，如图 6-101 所示。

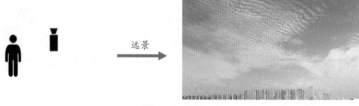

图 6-101

步骤 02 镜头慢慢下降，拍摄远处的江边风景，如图 6-102 所示。

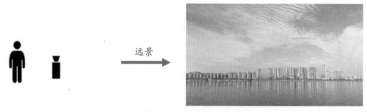

图 6-102

步骤 03　镜头下降至一定的位置之后，开始左摇，渐渐拍摄到模特，如图 6-103 所示。

图 6-103

步骤 04　镜头左摇至模特出现在画面左半部分即可，如图 6-104 所示。

图 6-104

6.2.9　跟镜头 + 斜线后拉

效果对比　跟镜头 + 斜线后拉是指运镜师在跟随拍摄模特的时候，从模特的斜侧面进行斜线后拉。效果展示如图 6-105 所示。

图 6-105

运镜演示　运镜教学视频画面如图 6-106 所示。

图 6-106

下面对脚本和分镜头做详细的介绍。

步骤 01 在模特前行的时候，运镜师在模特前方，从斜侧面靠近拍摄，如图 6-107 所示。

中近景 →

图 6-107

步骤 02 模特前行的时候，运镜师跟随前行，并从斜侧面后拉，如图 6-108 所示。

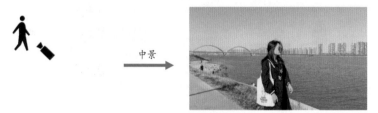

中景 →

图 6-108

步骤 03 运镜师可以加快速度后退，从而跟随和后拉一段距离，如图 6-109 所示。

全景 →

图 6-109

专家提示

在用手机稳定器进行运镜拍摄的时候，学会控制云台是非常重要的一件事情，有时还需要保持拍摄方向一致，这样才能拍出流畅和稳定的画面。

6.2.10 低角度前推 + 升镜头

效果对比 低角度前推 + 升镜头指运镜师先放低重心拍摄主体，在前推的过程中升高镜头，越过被摄主体，增强画面感。效果展示如图 6-110 所示。

图 6-110

运镜演示 运镜教学视频画面如图 6-111 所示。

图 6-111

运镜拆解 下面对脚本和分镜头做详细的介绍。

步骤 01 模特固定位置看风景，运镜师在模特侧面，离模特稍微远一点，弯腰放低重心进行低角度拍摄，如图 6-112 所示。

图 6-112

步骤 02 运镜师向模特位置推进，并慢慢升高镜头，如图 6-113 所示。

图 6-113

步骤 03 在升高镜头和前推的时候，运镜师从模特背面越过去拍摄风景，如图 6-114 所示。

图 6-114

课后实训：上升后拉镜头的拍法

效果对比 上升后拉镜头是指镜头在上升的时候，运镜师后退远离被摄主体，从而进行后拉拍摄，全程视野逐渐开阔，背景就越加简洁。效果展示如图 6-115 所示。

图 6-115

运镜演示 运镜教学视频画面如图 6-116 所示。

图 6-116

第 7 章　运镜高手：
17 种复杂运镜技巧

　　运镜方式除了一种固定方式、两种组合方式之外，还有多
种运镜技巧联结在一起，以及混合式的运镜技巧。本章将讲解
17 种复杂的运镜技巧，帮助大家将运镜拍摄水平上升一个台
阶，为短视频拍摄创作注入更多的手法和灵感。

7.1 9 种联结式运镜

本节的联结式运镜是多种运镜方式联结在一起的，也是之前一些基础运镜方式的综合应用，大家学会本节知识之后，可以稳步提高运镜水平。

7.1.1 上升环绕 + 推镜头

效果对比 上升环绕 + 推镜头是指镜头在上升的时候环绕被摄主体进行拍摄，在全程进行前推，从拍摄人物前推到拍摄风景。效果展示如图 7-1 所示。

图7-1

运镜演示 运镜教学视频画面如图 7-2 所示。

图7-2

运镜拆解 下面对脚本和分镜头做详细的介绍。

步骤 01 模特固定位置看风景，运镜师稍微离模特远一点，在模特的右侧降低机位拍摄模特，如图 7-3 所示。

图7-3

步骤 02 运镜师慢慢把镜头升高，并向模特的位置推进，如图 7-4 所示。

图7-4

步骤 03 镜头继续上升一点点，在靠近模特的时候，运镜师环绕到模特背面偏左侧一点的位置，如图 7-5 所示。

图7-5

步骤 04 镜头从模特的左侧前推，越过模特，拍摄远处的风景，如图 7-6 所示。

图7-6

7.1.2 推镜头 + 直线跟摇

效果对比 推镜头 + 直线跟摇是指在推镜头之后连接直线跟摇镜头，在模特直线行走的时候，运镜师固定位置，跟摇拍摄模特。效果展示如图 7-7 所示。

图7-7

运镜演示　运镜教学视频画面如图 7-8 所示。

图7-8

运镜拆解　下面对脚本和分镜头做详细的介绍。

步骤 01　模特从远处走来，运镜师从模特的斜侧面开始前推，如图 7-9 所示。

图7-9

步骤 02　镜头前推至与模特快要相遇的位置，运镜师停止推镜，如图 7-10 所示。

图7-10

步骤 03　在模特直线行走的时候，运镜师固定位置跟摇拍摄模特，如图 7-11 所示。

图7-11

步骤 04　运镜师跟摇拍摄至模特走远时的背影，如图 7-12 所示。

图7-12

7.1.3　低角度前推 + 环绕

效果对比　低角度前推 + 环绕是指镜头在进行低角度环绕被摄主体的时候，进行前推运镜，从远到近地拍摄被摄主体。效果展示如图 7-13 所示。

图7-13

运镜演示　运镜教学视频画面如图 7-14 所示。

图7-14

运镜拆解 下面对脚本和分镜头做详细的介绍。

步骤 01 模特固定位置,运镜师找好机位,倒拿手机稳定器,在远处低角度拍摄模特,如图 7-15 所示。

图7-15

步骤 02 运镜师进行低角度前推,并从模特的一侧环绕到另一侧,如图 7-16 所示。

图7-16

步骤 03 最后环绕前推至靠近模特为止,如图 7-17 所示。

图7-17

7.1.4 旋转回正 + 过肩后拉

效果对比 旋转回正 + 过肩后拉是指手机旋转角度之后进行回正,在回正的时候进行过肩后拉拍摄人物。效果展示如图 7-18 所示。

图7-18

运镜演示　运镜教学视频画面如图 7-19 所示。

图7-19

运镜拆解　下面对脚本和分镜头做详细的介绍。

步骤 01　模特在固定位置看风景，运镜师旋转手机拍摄模特前方的风景，如图 7-20 所示。

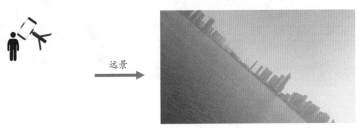

图7-20

步骤 02　在回正手机角度的时候，镜头进行过肩后拉，如图 7-21 所示。

图7-21

步骤 03　手机角度回正至与水平面平行的时候，镜头后拉拍摄模特的背面，如图 7-22 所示。

图7-22

步骤 04 运镜师继续后退一段距离,持续后拉拍摄,如图 7-23 所示。

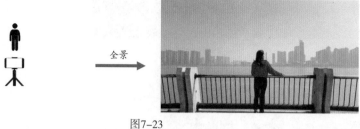

图7-23

7.1.5 旋转前推 + 环绕后拉

效果对比 旋转前推 + 环绕后拉是指旋转的手机在前推时回正角度,并环绕被摄主体一段距离然后再进行后拉。效果展示如图 7-24 所示。

图7-24

运镜演示 运镜教学视频画面如图 7-25 所示。

图7-25

运镜拆解 下面对脚本和分镜头做详细的介绍。

步骤 01 模特固定位置后,运镜师旋转手机拍摄模特,如图 7-26 所示。

图7-26

步骤 02　运镜师在前推镜头的时候回正手机角度，并环绕拍摄到模特的背面，如图 7-27 所示。

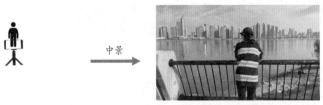

图7-27

步骤 03　运镜师继续环绕拍摄到模特的另一侧，如图 7-28 所示。

图7-28

步骤 04　在环绕到另一侧的时候，运镜师远离模特进行后拉拍摄，如图 7-29 所示。

图7-29

7.1.6　后拉摇镜 + 固定摇摄

效果对比　后拉摇镜 + 固定摇摄是指在后拉镜头的时候进行摇摄，之后在固定位置摇摄跟拍被摄主体，达到转换场景和跟随人物出场的效果。效果展示如图 7-30 所示。

图7-30

运镜演示 运镜教学视频画面如图 7-31 所示。

图7-31

运镜拆解 下面对脚本和分镜头做详细的介绍。

步骤 01 模特从运镜师右侧进入画面，运镜师拍摄远处的风景，如图 7-32 所示。

图7-32

步骤 02 在模特前行的时候，运镜师后拉和右摇镜头，拍摄模特，如图 7-33 所示。

图7-33

步骤 03 之后运镜师固定位置，摇摄跟拍前行的模特，如图 7-34 所示。

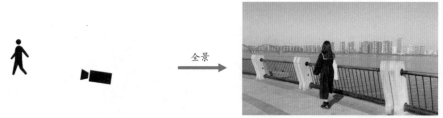

图7-34

7.1.7 低角度横移 + 上升跟随

效果对比 低角度横移 + 上升跟随是指镜头在低角度横移之后，跟随被摄主体前行并升高镜头，镜头由低变高，在拍摄主体的同时展示更多的环境信息。效果展示如图 7-35 所示。

图7-35

运镜演示 运镜教学视频画面如图 7-36 所示。

图7-36

运镜拆解 下面对脚本和分镜头做详细的介绍。

步骤 01 模特在运镜师的左侧前行，运镜师低角度拍摄地面植物，如图 7-37 所示。

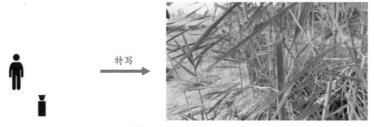

图7-37

步骤 02 在模特前行的时候，运镜师把镜头左移到模特的后面，如图 7-38 所示。

图7-38

步骤 03 运镜师跟随模特行走，并慢慢升高镜头，如图 7-39 所示。

图7-39

步骤 04 运镜师跟随模特行走一段距离，镜头也升高至一定的高度，如图 7-40 所示。

图7-40

7.1.8 高角度俯拍 + 上摇后拉

效果对比 高角度俯拍 + 上摇后拉是指运镜师用手机进行高角度俯拍，在上摇镜头拍摄模特的时候进行后拉运镜，逐渐改变画面被摄主体。效果展示如图 7-41 所示。

图7-41

运镜演示 运镜教学视频画面如图 7-42 所示。

图7-42

运镜拆解 下面对脚本和分镜头做详细的介绍。

步骤 01 运镜师高举手机稳定器，俯拍模特脚下的地面环境，如图 7-43 所示。

图7-43

步骤 02 运镜师开始上摇镜头，并进行微微的后拉，让地面前方的模特出现在画面中，如图 7-44 所示。

图7-44

步骤 03 运镜师继续上摇镜头并后拉，让地面从画面中消失，留下更多的天空背景，如图 7-45 所示。

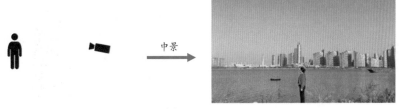

图7-45

在进行运镜转换的时候，找准被摄主体很重要，在转换两个以上的被摄主体时，观众的注意力也会随之转移，所以在拍摄时，一般以后面的被摄主体为拍摄重点。

7.1.9 转镜头前推 + 无人机穿越

效果对比 转镜头前推 + 无人机穿越是指旋转手机进行前推，在前推的时候越过被摄主体，就如同无人机掠过效果一般。效果展示如图 7-46 所示。

图7-46

运镜演示 运镜教学视频画面如图 7-47 所示。

图7-47

运镜拆解 下面对脚本和分镜头做详细的介绍。

步骤 01 模特固定住位置，手扶杆子，运镜师旋转手机拍摄模特，如图 7-48 所示。

全景

图7-48

步骤 02 运镜师继续旋转手机,并进行前推,如图 7-49 所示。

图7-49

步骤 03 运镜师旋转手机,并越过手与杆子之间的空隙,如图 7-50 所示。

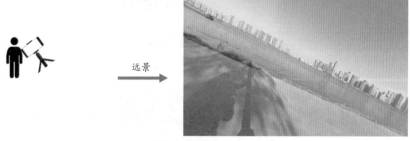

图7-50

步骤 04 最后运镜师回正手机角度,拍摄远处的风景,如图 7-51 所示。

图7-51

7.2 8 种混合式运镜

混合式运镜是多种运镜方式混合在一起而成的,所以在拍摄时,要对每种最基础的运镜方式都了然于心,才能拍出这些混合式运镜。

7.2.1 推镜头 + 环绕 + 后拉

效果对比 推镜头 + 环绕 + 后拉是由推镜头、环绕镜头和后拉镜头混合在一起的,适合用在场景比较广阔的视频中。效果展示如图 7-52 所示。

图7-52

运镜演示 运镜教学视频画面如图 7-53 所示。

图7-53

运镜拆解 下面对脚本和分镜头做详细的介绍。

步骤 01 运镜师拍摄从远处走来的模特，如图 7-54 所示。

图7-54

步骤 02 在模特前行的时候，运镜师前推拍摄模特，与模特相遇之后，就环绕到模特的背面，如图 7-55 所示。

图7-55

步骤 03 运镜师在模特的背面后退一段距离，进行后拉拍摄，拍出广阔的场景，如图 7-56 所示。

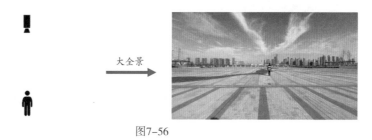

大全景

图7-56

7.2.2 转镜头 + 下摇 + 后拉

效果对比 转镜头 + 下摇 + 后拉是指手机在旋转回正的时候下摇拍摄模特，并后拉一段距离，展示人与环境的空间关系。效果展示如图 7-57 所示。

图7-57

运镜演示 运镜教学视频画面如图 7-58 所示。

图7-58

运镜拆解 下面对脚本和分镜头做详细的介绍。

步骤 01 运镜师把手机旋转一定的角度，拍摄模特上方的天空，如图 7-59 所示。

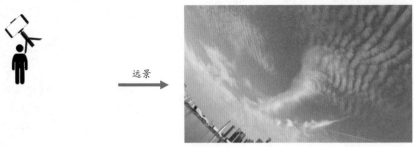

图7-59

步骤 02 运镜师在开始回正手机角度的时候，进行下摇，拍摄到模特，如图 7-60 所示。

图7-60

步骤 03 手机角度回正之后，镜头也下摇拍摄到模特全身，如图 7-61 所示。

图7-61

步骤 04 运镜师开始后退，进行后拉，拍摄到更多的环境画面，如图 7-62 所示。

图7-62

7.2.3 跟镜头 + 升镜头 + 摇镜

效果对比 跟镜头 + 升镜头 + 摇镜就是在跟随运镜的同时升高镜头，在模特停止前行的时候，摇摄镜头，转移画面焦点。效果展示如图 7-63 所示。

图7-63

运镜演示 运镜教学视频画面如图 7-64 所示。

图7-64

运镜拆解 下面对脚本和分镜头做详细的介绍。

步骤 01 运镜师在模特背面，低角度拍摄模特的腿和脚，如图 7-65 所示。

图7-65

步骤 02 在模特前行的时候，运镜师跟随模特行走并升高镜头，如图 7-66 所示。

图7-66

步骤 03 在模特停下脚步看风景的时候，运镜师也停止跟随并升高镜头，如图 7-67 所示。

图7-67

步骤 04 运镜师顺着模特所看的方向，摇摄镜头，拍摄风景，如图 7-68 所示。

图7-68

7.2.4 转镜头 + 推镜头 + 环绕

效果对比 转镜头 + 推镜头 + 环绕是由旋转运镜、前推镜头和环绕运镜混合在一起而成的视频，这些运镜能让视频内容更加生动。效果展示如图 7-69 所示。

图7-69

运镜演示 运镜教学视频画面如图 7-70 所示。

图7-70

运镜拆解 下面对脚本和分镜头做详细的介绍。

步骤 01 模特固定位置，运镜师在模特的一侧旋转手机拍摄模特，如图 7-71 所示。

图7-71

步骤 02 运镜师旋转手机并前推到合适的位置，开始环绕到模特的另一侧，如图 7-72 所示。

图7-72

步骤 03 运镜师旋转手机并环绕到模特的另一侧，拍摄模特，如图 7-73 所示。

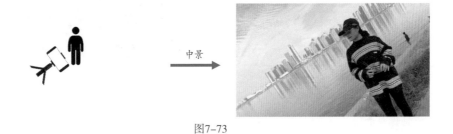

图7-73

7.2.5 转镜头 + 前推 + 穿越前景

效果对比 转镜头 + 前推 + 穿越前景是指旋转手机进行前推，在前推的时候越过前景拍摄模特，拍出的视频在开始的时候具有神秘感，让观众期待后续发展。效果展示如图 7-74 所示。

图7-74

运镜演示 运镜教学视频画面如图 7-75 所示。

图7-75

运镜拆解 下面对脚本和分镜头做详细的介绍。

步骤 01　运镜师旋转手机拍摄前景植物，模特在植物的另一侧，从远处向镜头位置走来，如图 7-76 所示。

图7-76

步骤 02　在模特走近镜头位置并停下脚步的时候，手机回正角度并前推，越过前景植物，拍摄模特，从而揭开谜底，如图 7-77 所示。

图7-77

选择前景时，最好选择可以让手机穿过的前景，也要注意野外环境，防止手被割伤。

7.2.6　背面跟拍 + 摇摄 + 正面跟拍

效果对比 背面跟拍 + 摇摄 + 正面跟拍是指运镜师在背面跟拍模特的时候摇摄镜头，到模特的正面后，继续跟随模特，具有第一人称的代入感。效果展示如图 7-78 所示。

图7-78

运镜演示 运镜教学视频画面如图 7-79 所示。

图7-79

运镜拆解 下面对脚本和分镜头做详细的介绍。

步骤 01 在模特前行的时候，运镜师在模特的背面跟随拍摄，如图 7-80 所示。

 中近景 →

图7-80

步骤 02 跟随一段距离之后，镜头摇摄至模特的侧面，如图 7-81 所示。

 近景 →

图7-81

步骤 03 镜头摇摄至模特的正面，并继续跟拍模特，如图 7-82 所示。

图7-82

7.2.7 正面跟拍 + 摇摄 + 背面跟拍

效果对比 正面跟拍 + 摇摄 + 背面跟拍是与上一段镜头相反的，先正面跟拍再摇摄至背面进行跟拍，同时也具有代入感。效果展示如图 7-83 所示。

图7-83

运镜演示 运镜教学视频画面如图 7-84 所示。

图7-84

运镜拆解 下面对脚本和分镜头做详细的介绍。

步骤 01 在模特准备前行的时候，运镜师在模特的正面，拍摄模特，如图 7-85 所示。

图7-85

步骤 02　运镜师从模特正面跟拍模特一段距离，如图 7-86 所示。

图7-86

步骤 03　运镜师继续跟拍模特，并把镜头摇摄至模特的背面，如图 7-87 所示。

图7-87

步骤 04　运镜师从模特背面跟拍模特一段距离，如图 7-88 所示。

图7-88

7.2.8　低角度上升 + 环绕 + 旋转前推

效果对比　低角度上升 + 环绕 + 旋转前推是指镜头在低角度上升的时候环绕被摄主体，并进行旋转前推，由远及近地拍摄模特。效果展示如图 7-89 所示。

图7-89

运镜演示　运镜教学视频画面如图 7-90 所示。

图7-90

运镜拆解　下面对脚本和分镜头做详细的介绍。

步骤 01　运镜师放低机位，低角度拍摄远处走来的模特，如图 7-91 所示。

图7-91

步骤 02　运镜师慢慢将镜头升高，同时环绕到模特的另一侧，如图 7-92 所示。

图7-92

步骤 03 运镜师与模特相遇的时候，镜头已经上升和环绕到模特的斜侧面，如图 7-93 所示。

图7-93

步骤 04 运镜师开始旋转手机拍摄模特，如图 7-94 所示。

图7-94

步骤 05 运镜师继续旋转手机并前推，拍摄到模特的背面，如图 7-95 所示。

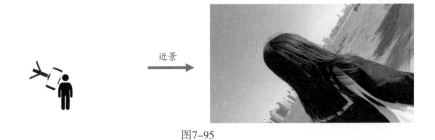

图7-95

课后实训：低角度环绕镜头的拍法

效果对比 低角度环绕镜头是放低机位中环绕被摄主体的镜头，在环绕的过程中，主体是运动的，所以环绕过程十分动感，适合用在比较炫酷的场景中，强调环境的流动性。效果展示如图 7-96 所示。

图7-96

运镜演示 运镜教学视频画面如图 7-97 所示。

图7-97

第 8 章　运镜大师：
10 种大神运镜玩法

本章主要介绍大神常用的运镜玩法，包含上帝视角旋转镜头、盗梦空间运镜、无缝转场运镜、极速切换运镜、一镜到底运镜和希区柯克变焦运镜等玩法，同时还有一些专业级运镜搭配。在中长视频中加入这些运镜方式，会让视频画面更加丰富，给观众带来别样的视觉感受，甚至可以让你的视频迅速上热门。

8.1　6种抖音热门运镜

本节主要介绍一些抖音热门运镜方式，比如希区柯克变焦、盗梦空间和一镜到底等运镜方式，为短视频创作添加更多亮点。

8.1.1　上帝视角旋转镜头

效果对比　上帝视角是一种从人物头顶向下俯拍的拍摄角度，在航拍视频中很常见。运镜师可以高举手机稳定器进行旋转拍摄，用一种别样的视角突出被摄主体。效果展示如图 8-1 所示。

图8-1

运镜演示　运镜教学视频画面如图 8-2 所示。

图8-2

运镜拆解　下面对脚本和分镜头做详细的介绍。

步骤 01　运镜师在高处高举手机稳定器拍摄模特，并旋转一定的手机角度，如图 8-3 所示。

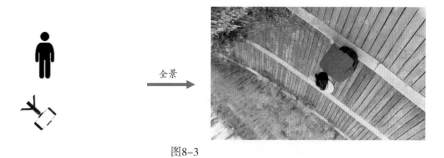

图8-3

步骤 02　在稳定器的"旋转拍摄"模式下，运镜师长按方向键进行旋转拍摄，如图 8-4 所示。

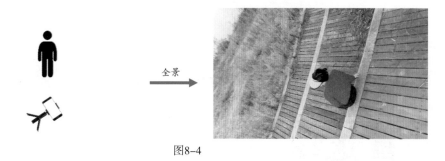

图8-4

步骤 03　镜头旋转到一定的角度即可，用独特的视角展示被摄主体，如图 8-5 所示。

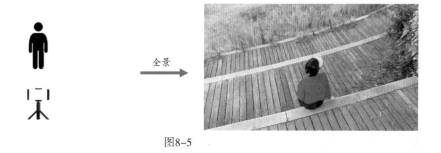

图8-5

在生活中拍出上帝视角镜头的方式也有很多，比如在飞机上或者观光缆车上向下拍摄、站在高楼或者高处俯拍等，都可打造出俯瞰的效果。

8.1.2　希区柯克变焦运镜

效果对比　希区柯克变焦运镜主要是人物位置不变，背景进行动态变焦，从而营造出一种具有空间压缩感的画面。

　　大疆 OM 4 SE 手机稳定器在"动态变焦"模式下，有"背景靠近"和"背景远离"两种拍摄效果选项，不过主体人物的位置都是不动的。在"背景靠近"效果选项下，镜头是渐渐远离人物的；在"背景远离"效果选项下，镜头是向前推的，从远到近靠近人物。不过无论哪种模式，都需要框选画面中的主体。在选择视频背景时，最好选择线条感强烈、画面简洁的背景。

　　本次运镜是稳定器在"背景靠近"的效果选项下，镜头渐渐远离人物，也就是运镜师在拍摄时要后拉一段距离。效果展示如图 8-6 所示。

图8-6

运镜演示 运镜教学视频画面如图 8-7 所示。

图8-7

运镜拆解　下面对脚本和分镜头做详细的介绍。

步骤 01　在 DJI Mimo 软件中的拍摄模式下，❶切换至"动态变焦"模式；❷默认选择"背景靠近"拍摄效果，并点击"完成"按钮，如图 8-8 所示。

步骤 02　❶框选人像；❷点击拍摄按钮，如图 8-9 所示，在拍摄时，人物位置不变，镜头后拉一段距离，慢慢远离人物。

步骤 03　拍摄完成后，显示合成进度，如图 8-10 所示。

步骤 04　合成完成后，即可在相册中查看拍摄的视频，如图 8-11 所示。

图8-8　　　　　图8-9　　　　　图8-10　　　　　图8-11

8.1.3　盗梦空间运镜

效果对比　盗梦空间运镜是来自于电影《盗梦空间》，这种运动镜头通常是用旋转镜头的方式完成，让画面失去平衡感，营造出一种疯狂或者丧失方向感的气氛，让画面变得更加梦幻和炫酷，就好像在梦境中一般。效果展示如图 8-12 所示。

图8-12

运镜演示　运镜教学视频画面如图 8-13 所示。

图8-13

提示　在拍摄旋转镜头的时候，手机稳定器有两种模式可选。第一种是 FPV 模式，需要手动倾斜手机至一定的角度，并手动旋转手机来达到旋转的效果，适合用在旋转角度小于 180 度的镜头上；第二种是旋转拍摄模式，在此模式下，只需长按手机稳定器上左右两侧的方向键按钮，就可以旋转手机，并且旋转速度比较匀速，画面也稳定些，适合用在跟随、前推、后拉等运动范围较大的镜头上。

运镜拆解　下面对脚本和分镜头做详细的介绍。

步骤 01　模特在远处，运镜师开启手机稳定器旋转拍摄模式，如图 8-14 所示。

大全景

图8-14

步骤 02 在模特前行时，运镜师长按稳定器上左侧的方向键，让手机进行逆时针旋转，如图8-15所示。

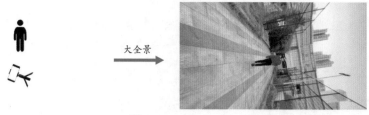

大全景

图8-15

步骤 03 当模特靠近镜头时，运镜师长按稳定器上右侧的方向键，让手机进行顺时针旋转，如图 8-16 所示。

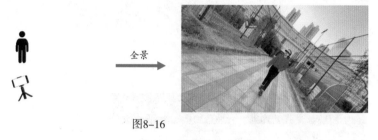

全景

图8-16

步骤 04 在手机顺时针旋转的过程中，运镜师跟随模特前行，如图 8-17 所示。

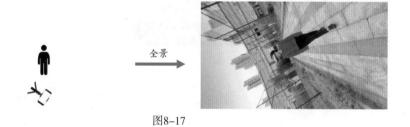

全景

图8-17

8.1.4 无缝转场运镜

效果对比 运用运镜做转场，是一种比较自然的上下镜头连接方式，所以也叫作无缝转场。本次无缝转场是利用模特的衣服做上下镜头的连接要素，利用前推和后拉的运镜方式，让视频过渡流畅又自然。效果展示如图 8-18 所示。

图8-18

运镜演示 运镜教学视频画面如图 8-19 所示。

图8-19

除了用衣服来让镜头之间的衔接变得顺畅之外，还可以用头发、天空、手掌、墙壁、地面、动作、门及一些其他相似的物体或者场景做衔接。无缝转场可以让视频有一种很酷炫的效果，使镜头转换更加合理。

运镜拆解 下面对脚本和分镜头做详细的介绍。

步骤 01 运镜师找好机位后，在模特的侧面拍摄模特，如图 8-20 所示。

图8-20

步骤 02 运镜师进行前推，把镜头前推至模特的衣服上，如图 8-21 所示。

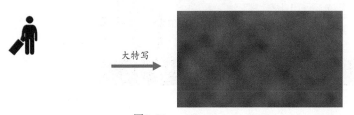

图8-21

步骤 03 转换到另一个场景中，模特坐着，运镜师尽量靠近模特，拍摄模特的衣服，如图 8-22 所示。

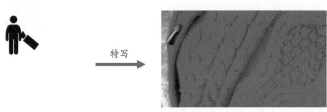

图8-22

步骤 04 运镜师从模特的侧面进行后退拍摄，并后拉至合适的距离，从而达到无缝转换场景的效果，如图 8-23 所示。

图8-23

8.1.5　一镜到底运镜

效果对比　一镜到底的意思就是，用一个镜头把想要拍摄的内容一气呵成完成拍摄，并且在拍摄过程中不能中断，如果出错就只能从头再来，所以拍摄前的编排是非常重要的。本次拍摄的内容是一镜到底换装视频，在利用镜头摇摄至天空的时候，对模特进行换装，效果展示如图 8-24 所示。

图8-24

运镜演示　运镜教学视频画面如图 8-25 所示。

图8-25

　　电影拍摄中的一镜到底可以用两种方式完成，一是依靠前期的表演和拍摄运镜；二是通过后期修饰加工。一镜到底也是长镜头的一种，但长镜头不一定是一镜到底。

运镜拆解 下面对脚本和分镜头做详细的介绍。

步骤 01 在模特前行的时候，运镜师在模特的正面跟随拍摄模特，如图 8-26 所示。

图8-26

步骤 02 跟随结束后，运镜师将镜头摇摄至模特上方的天空，如图 8-27 所示。

图8-27

步骤 03 镜头继续摇摄天空，在摇摄天空的这段时间，模特进行换装。再将镜头摇摄至另一面的天空，如图 8-28 所示。

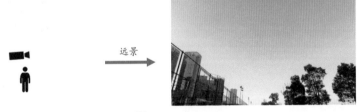

图8-28

步骤 04 镜头开始下摇，拍摄换装后的模特背面，并跟随模特前行一段距离，至此完成一镜到底的拍摄，如图 8-29 所示。

图8-29

8.1.6 极速切换运镜

效果对比 极速切换也是无缝转场的一种，利用运镜方向和场景的相似性，在快速摇摄中极速切换视频场景。效果展示如图 8-30 所示。

图8-30

运镜演示 运镜教学视频画面如图 8-31 所示。

图8-31

运镜拆解 下面对脚本和分镜头做详细的介绍。

步骤 01 在第一个场景中，运镜师在模特正面跟随拍摄模特，如图 8-32 所示。

图8-32

步骤 02 跟随一段距离之后，运镜师将镜头左摇，并加快摇摄速度，如图 8-33 所示，摇摄至江边的风景上。

图8-33

步骤 03　在第二个场景中，运镜师从江边风景上左摇，并加快摇摄速度，摇摄至模特出现的位置，如图 8-34 所示。

图8-34

步骤 04　运镜师继续摇摄至模特处于画面中心位置，并从人物正面跟随拍摄一段距离，如图 8-35 所示。

图8-35

8.2　4种专业级运镜搭配

运用动静结合的方式，把运动镜头与固定镜头搭配在一起，可以产生不一样的"化学反应"，本节将介绍 4 种在影视专业拍摄中最常见的运镜搭配。

8.2.1　后拉镜头 + 固定镜头

效果对比　后拉镜头 + 固定镜头是由一组后拉镜头和一组固定镜头搭配的，多角度、多景别地展示模特的状态。效果展示如图 8-36 所示。

图8-36

运镜演示　运镜教学视频画面如图 8-37 所示。

图8-37

运镜拆解 下面对脚本和分镜头做详细的介绍。

步骤 01 第一段镜头，运镜师在模特正面，拍摄模特膝盖以上的部分，如图 8-38 所示。

图8-38

步骤 02 运镜师在跟随模特行走的时候，进行后拉拍摄，如图 8-39 所示。

图8-39

步骤 03 第二段镜头，运镜师固定镜头拍摄模特从远处走近镜头的场景，如图 8-40 所示。

图8-40

在进行运镜搭配的时候，需要注意模特的服装和表情，两段视频最好保持统一，这样在衔接的时候就会更自然。

8.2.2 固定镜头 + 全景跟拍

效果对比 固定镜头 + 全景跟拍与后拉镜头 + 固定镜头有些类似，不过在搭配上相反。首先需要固定镜头拍摄一段模特靠近镜头的视频，然后再全景跟拍模特，镜头由静变动，画面具有连续性，效果展示如图 8-41 所示。

图8-41

运镜演示 运镜教学视频画面如图 8-42 所示。

图8-42

运镜拆解 下面对脚本和分镜头做详细的介绍。

步骤 01 第一段镜头，运镜师找好机位进行固定镜头拍摄，模特对着镜头的方向，从远处走来，如图 8-43 所示。

图8-43

步骤 02　运镜师固定位置，模特慢慢靠近镜头，如图 8-44 所示。

图8-44

步骤 03　第二段镜头，景别是全景，运镜师跟随模特前行一段距离，如图 8-45 所示。

图8-45

8.2.3　侧面跟拍＋侧面固定镜头

效果对比　侧面跟拍＋侧面固定镜头是由两段侧面镜头搭配而成的，第一段侧面镜头的末尾画面可以作为第二段侧面镜头的起始画面。效果展示如图 8-46 所示。

图8-46

运镜演示　运镜教学视频画面如图 8-47 所示。

图8-47

运镜拆解 下面对脚本和分镜头做详细的介绍。

步骤 01 第一段镜头，运镜师在模特的侧面，拍摄模特的上半身，如图 8-48 所示。

图8-48

步骤 02 在模特前行的时候，运镜师跟随拍摄一段距离，如图 8-49 所示。

图8-49

步骤 03 第二段镜头，运镜师固定镜头拍摄人物侧面全景，模特继续行走，如图 8-50 所示。

图8-50

步骤 04 在固定镜头画面中，模特从右侧向左侧行走，并走出画面，如图 8-51 所示。

远景

图8-51

8.2.4 正面跟随 + 固定摇摄镜头

效果对比 正面跟随 + 固定摇摄镜头中的机位是完全不在一条线上的，所以能展示出更多角度的人物，以及记录多样的场景变化。效果展示如图 8-52 所示。

图8-52

运镜演示 运镜教学视频画面如图 8-53 所示。

图8-53

运镜拆解 下面对脚本和分镜头做详细的介绍。

步骤 01 第一段镜头，运镜师在模特的正面，拍摄模特的上半身，如图 8-54 所示。

图8-54

步骤 02 运镜师跟随模特前行一段距离，如图 8-55 所示。

图8-55

步骤 03 第二段镜头，运镜师转换机位，在模特的斜侧面拍摄前行的模特，如图 8-56 所示。

图8-56

步骤 04 在模特前行和转弯的时候，运镜师固定位置，全程摇镜跟拍模特，让模特始终处于画面中心位置，如图 8-57 所示。

图8-57

在拍摄搭配运镜的时候，需要提前确定机位，这样就能拍出理想的视频效果。

课后实训：跟摇环绕镜头的拍法

效果对比 跟摇环绕镜头是指先跟摇拍摄运动的主体，之后从一个角度环绕到另一个角度，转换角度拍摄被摄主体和背景环境。效果展示如图 8-58 所示。

图8-58

运镜演示 运镜教学视频画面如图 8-59 所示。

图8-59

第 9 章　风光类运镜实战：
《夕阳时光》

当遇到美丽的风景时，如何拍出大片感的画面？本章将从理论到实战，帮助大家理清拍摄思路，轻而易举地拍摄出一段视频运镜大片。本章将从脚本设计中分析拍摄思路；从镜头解析中提炼实战要点；在案例中学习风光类运镜拍摄的重点。

9.1 效果欣赏

效果对比 本次风光类运镜实战的主题是《夕阳时光》，画面内容是夕阳下的风光，视频风格比较恬静和惬意，也是一段小清新类型的视频。效果展示如图 9-1 所示。

图9-1

9.2 脚本设计

在拍摄短视频之前，我们需要进行脚本设计，这样在之后的拍摄中才能胸有成竹。如表 9-1 所示为《夕阳时光》的短视频脚本。

表9-1

镜号	运镜	画面	设备	时长
1	旋转下摇	夕阳下的长椅	手持稳定器	11s
2	低角度横移	草地中的小草	手持稳定器	8s
3	上摇后拉	湖面上的夕阳	手持稳定器	7s
4	特写环绕	路边的紫薇花	手持稳定器	8s
5	仰拍右摇	紫薇花上面的天空	手持稳定器	8s

在写脚本之前，需要对现场踩点，这样才能提前了解具体环境，顺利实施拍摄计划。由于视频主题是关于夕阳风光的，因此最好选择天气晴朗的下午进行拍摄。

在拍摄之前和拍摄过程中，也需要对脚本进行细微的调整。最好在设计脚本时，就多提列一些运镜手法，用不同的运镜方式拍摄各种风光，这样在后期剪辑时，就有多段素材可选。所以，脚本不是一成不变的。表 9-1 中的脚本是最终成品，在此之前，也会有一些脚本草稿。

在拍完素材之后进行剪辑时，需要挑选最精美的运镜片段。对于不适合的素材，要及时删除和更替。在对素材进行剪辑排序时，最好按照时间、空间顺序进行排序，让镜头之间的切换更加流畅。所以，针对成品视频，脚本中的镜号也会有细微调整。

脚本设计提供了拍摄框架，在框架内及时地进行调整，在拍摄和剪辑时就能提升效率。

9.3 分镜头解析

短视频《夕阳时光》由 5 段分镜头组成，每段分镜头是用不同的运镜方式拍摄而成的，本节将为大家进行分镜头解析。

9.3.1 旋转下摇镜头

效果对比 旋转下摇镜头比直接的下摇镜头更有层次些，旋转下摇镜头可以让画面不那么单调，这组运镜可以揭示视频的拍摄时间和地点。效果展示如图 9-2 所示。

图9-2

运镜演示 运镜教学视频画面如图 9-3 所示。

图9-3

运镜拆解 下面对脚本和分镜头做详细的介绍。

步骤 01 运镜师举高手机稳定器，并旋转一定的手机角度拍摄远处的天空，如图9-4 所示。

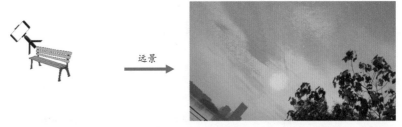

图9-4

步骤 02 手机角度慢慢回正，在回正的同时进行下摇拍摄，如图 9-5 所示。

图9-5

步骤 03　镜头下摇拍摄到公园的长椅，展示视频画面发生的地点，如图9-6所示。

图9-6

9.3.2　低角度横移镜头

效果对比　上一个镜头拍摄到了长椅，这个镜头可以对长椅旁边的小草进行特写拍摄，在拍小草的时候，最好低角度横移拍摄，展示不一样的生机画面。效果展示如图9-7所示。

图9-7

运镜演示　运镜教学视频画面如图9-8所示。

图9-8

运镜拆解　下面对脚本和分镜头做详细的介绍。

步骤 01　运镜师弯腰低角度拍摄地面的小草，如图9-9所示。

图9-9

步骤 02　镜头从右至左进行低角度横移拍摄，让画面流动起来，如图 9-10 所示。

图9-10

在拍摄小草时，需要设置对焦，在手机取景屏幕上用手指点击屏幕画面中拍摄到的小草，镜头就会定焦在小草上。

9.3.3　上摇后拉镜头

效果对比　在上个镜头中出现了围栏，本段镜头可以拍摄围栏下的夕阳倒影，利用上摇后拉镜头就能实现流畅的画面转换。效果展示如图 9-11 所示。

图9-11

运镜演示 运镜教学视频画面如图 9-12 所示。

图9-12

运镜拆解 下面对脚本和分镜头做详细的介绍。

步骤 01 镜头越过湖面围栏，俯拍湖面上的夕阳，如图 9-13 所示。

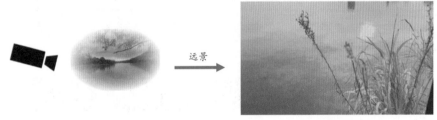

图9-13

步骤 02 运镜师在上摇镜头的时候进行后拉，拍摄到画面上方的风景，如图 9-14 所示。

图9-14

步骤 03 上摇后拉到一定的距离后，让围栏成为主要的前景，如图 9-15 所示。

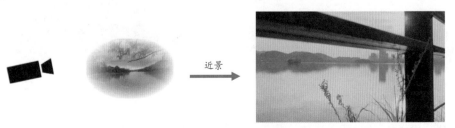

图9-15

9.3.4　特写环绕镜头

效果对比　特写环绕镜头可以突出主体，增加画面的动感和能量。以紫薇花为主体，进行特写环绕拍摄，再若隐若现地展示背景中虚化的人物，氛围感十足。效果展示如图9-16所示。

图9-16

运镜演示　运镜教学视频画面如图 9-17 所示。

图9-17

运镜拆解　下面对脚本和分镜头做详细的介绍。

　　步骤 01　运镜师将镜头往右偏一些，拍摄紫薇花，并定焦在紫薇花上，如图 9-18 所示。

图9-18

　　步骤 02　运镜师以紫薇花为主体，围绕紫薇花从右至左拍摄，如图 9-19 所示。

图9-19

步骤 03 镜头环绕到一定的角度后，将背景中的人物虚化地呈现出来，如图 9-20 所示。

图9-20

9.3.5　仰拍右摇镜头

效果对比　仰拍角度的镜头可以丰富视频画面，在拍摄了紫薇花之后，就可以仰拍紫薇花树枝，而且留白的天空可以让视频结束得更加自然。效果展示如图 9-21 所示。

图9-21

运镜演示　运镜教学视频画面如图 9-22 所示。

图9-22

下面对脚本和分镜头做详细的介绍。

步骤 01　运镜师找好机位，仰拍紫薇花树枝，如图 9-23 所示。

图9-23

步骤 02　利用云台的灵活性，镜头慢慢右摇拍摄，如图 9-24 所示。

图9-24

步骤 03　镜头右摇拍摄到旁边的树枝，并让画面有一些天空留白即可，如图 9-25 所示。

图9-25

课后实训：上升左摇镜头的拍法

效果对比　在拍摄风光的时候，一定要找好焦点。在上升左摇镜头中，以小草为焦点进行上升拍摄，上升到一定高度后以湖面风景为焦点进行左摇拍摄。效果展示如图 9-26 所示。

图9-26

运镜演示 运镜教学视频画面如图 9-27 所示。

图9-27

第 10 章 商业类运镜实战：《实拍江景房》

在进行商业性质的短视频拍摄时，在镜头中加入一些运镜方式，可以让作品更加有活力，减少视觉疲劳，同时在运镜中展示所推销产品的优点，增加观众的购买欲望，促成商业交易。本章将用江景房做示例，进行运镜实拍，让大家在实践中学习如何拍摄商业类型的场景。

10.1 效果欣赏

效果对比 在拍摄推销房子的短视频的时候，拍摄思路可以选择从入门到餐厅和厨房，再到客厅，最后到卧室的路线进行拍摄，逐步展示房子的优点和特色。效果展示如图 10-1 所示。

图10-1

10.2 脚本设计

在拍摄短视频之前，我们需要进行脚本设计，这样在之后的拍摄中才能胸有成竹。如表 10-1 所示为《实拍江景房》的短视频脚本。

表10-1

镜号	运镜	画面	设备	时长
1	旋转前推	一镜到底拍入门走廊	手持稳定器	5s
2	环绕下摇	从餐厅顶部风扇到餐桌	手持稳定器	6s
3	左移	厨房全貌	手持稳定器	3s
4	后拉右摇	客厅全貌	手持稳定器	3s
5	旋转前推下摇	卧室 1	手持稳定器	3s
6	后拉右摇	卧室 2	手持稳定器	6s
7	大范围后拉	从阳台到卧室 3	手持稳定器	7s

在拍摄房子的时候，可以用多个运镜方式拍摄同一主体，比如拍摄卧室的时候，可以使用上摇运镜，也可以用后拉、前推等方式拍摄，这样在后期选择素材的时候，就可以选择效果最佳的那段分镜头。

在拍摄和剪辑时，最好有固定的拍摄逻辑。比如，按照空间顺序进行拍摄剪辑，从大门入口到餐厅，再到客厅等，最后到卧室 3 终点，这样就能避免漏掉关键信息；也可以选择运镜方式进行拍摄剪辑，比如固定某两三个运镜方式来拍摄大部分的场景，短视频中镜头连接的逻辑线索就是运镜方式。

10.3 分镜头解析

短视频《实拍江景房》由 7 段分镜头组成，部分分镜头采用了相似的运镜方式，展现出来的感觉却是有区别的，本节将为大家进行分镜头解析。

10.3.1 旋转前推镜头

效果对比 旋转前推镜头是指旋转手机镜头来拍摄场景，在旋转回正的过程中进行前推拍摄，适合用在拍摄透视感比较强的场景中。效果展示如图 10-2 所示。

图10-2

运镜教学视频画面如图 10-3 所示。

图10-3

下面对脚本和分镜头做详细的介绍。

步骤 01 运镜师把手机旋转一定的角度，从大门位置出发，如图 10-4 所示。

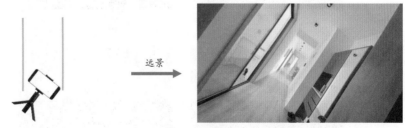

图10-4

步骤 02 运镜师在前行的时候，慢慢回正手机角度，如图 10-5 所示。

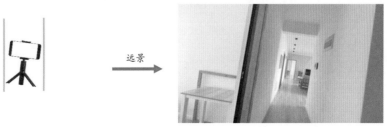

图10-5

步骤 03 手机角度回正之后，运镜师继续前推一小段距离，如图 10-6 所示。

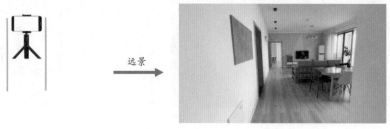

图10-6

10.3.2 环绕下摇镜头

效果对比 环绕下摇镜头是指在环绕拍摄结束之后进行下摇拍摄，在拍摄的时候，最好选择合适的主体，这组镜头适合用来拍摄在垂直面上变化的主体。效果展示如图 10-7 所示。

图10-7

运镜演示 运镜教学视频画面如图 10-8 所示。

图10-8

运镜拆解 下面对脚本和分镜头做详细的介绍。

步骤 01 运镜师从右侧仰拍餐厅天花板上的风扇，如图 10-9 所示。

图10-9

步骤 02　运镜师环绕风扇进行拍摄，从右侧环绕到左侧，如图 10-10 所示。

图10-10

步骤 03　环绕结束之后，镜头下摇拍摄餐厅中的餐桌，如图 10-11 所示。

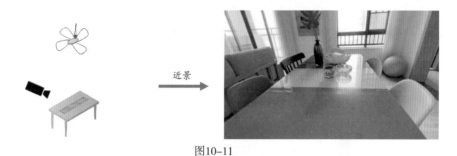

图10-11

10.3.3　左移镜头

效果对比　针对比较普通一点的场景，可以用简单的运镜方式，用左移镜头展现厨房全貌，可以让观众对厨房的布局一目了然。效果展示如图 10-12 所示。

图10-12

运镜演示　运镜教学视频画面如图 10-13 所示。

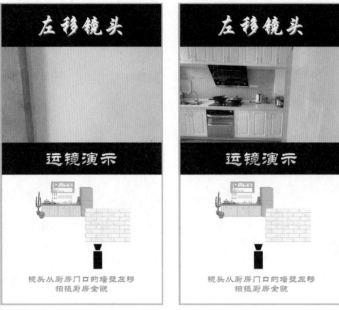

图10-13

运镜拆解 下面对脚本和分镜头做详细的介绍。

步骤 01 运镜师先用镜头拍摄厨房门外侧右边的墙壁，如图 10-14 所示。

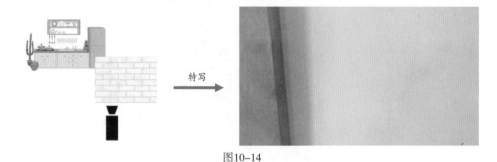

图10-14

步骤 02 镜头左移，直到画面中出现厨房的全貌，如图 10-15 所示。

图10-15

10.3.4 后拉右摇镜头

效果对比 后拉右摇镜头是先后拉再右摇，能够展示更加开阔的场景。在展示客厅全貌时适合用该镜头，效果展示如图 10-16 所示。

图10-16

运镜演示 运镜教学视频画面如图 10-17 所示。

图10-17

运镜拆解 下面对脚本和分镜头做详细的介绍。

步骤 01 运镜师靠近餐桌拍摄餐桌上的绿植，如图 10-18 所示。

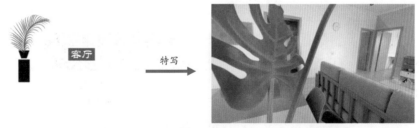

图10-18

步骤 02 运镜师慢慢后退进行后拉拍摄，客厅慢慢展现出来，如图 10-19 所示。

图10-19

步骤 03　后拉一定的距离之后，开始右摇拍摄客厅全貌，如图 10-20 所示。

图10-20

> 如果空间足够大，每种运镜方式的持续时间可以变长一点，从而展示更多的环境内容。

10.3.5　旋转前推下摇镜头

效果对比　旋转前推下摇镜头是指在旋转前推之后进行下摇，可以转换焦点，适合用在纵深感比较强的场景中。效果展示如图 10-21 所示。

图10-21

运镜演示　运镜教学视频画面如图 10-22 所示。

图10-22

运镜拆解 下面对脚本和分镜头做详细的介绍。

步骤 01 运镜师在卧室 1 的门外，把手机旋转一定的角度，如图 10-23 所示。

图10-23

步骤 02 进门之后，手机的角度慢慢回正，如图 10-24 所示。

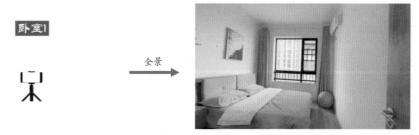

图10-24

步骤 03 镜头前推至一定的距离之后，开始下摇，以床为画面焦点，如图 10-25 所示。

图10-25

10.3.6 后拉右摇镜头

效果对比 后拉右摇镜头适合用在有合适前景的场景中，在上一个后拉右摇镜头中，是以绿植为前景的，本次镜头将以衣柜为前景。效果展示如图 10-26 所示。

图10-26

运镜教学视频画面如图 10-27 所示。

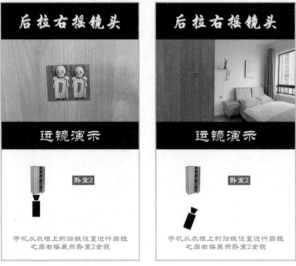

图10-27

下面对脚本和分镜头做详细的介绍。

步骤 01 运镜师靠近衣柜上的贴纸，进行特写拍摄，如图 10-28 所示。

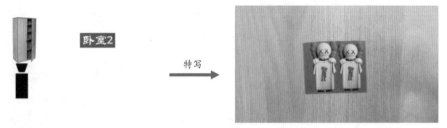

图10-28

步骤 02 镜头后拉一定的距离，画面中露出了卧室的布局，如图 10-29 所示。

图10-29

步骤 03 镜头慢慢右摇拍摄，展示卧室 2 的全貌，如图 10-30 所示。

图10-30

10.3.7　大范围后拉镜头

效果对比　大范围的后拉镜头适合用来展示空间变化比较大的场景画面，比如想一次性展示阳台风景和卧室，就可以进行大范围的后拉。效果展示如图 10-31 所示。

图10-31

运镜演示　运镜教学视频画面如图 10-32 所示。

图10-32

运镜拆解　下面对脚本和分镜头做详细的介绍。

步骤　01　运镜师在阳台拍摄阳台外的江景，如图 10-33 所示。

图10-33

步骤　02　运镜师慢慢后退到阳台与卧室相连的大门位置，如图 10-34 所示。

图10-34

步骤 03 继续后退至卧室 3 中，展示江景房的特色，如图 10-35 所示。

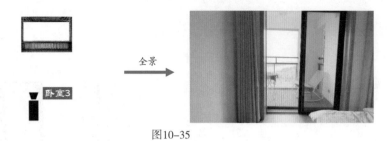

图10-35

课后实训：后拉环绕镜头的拍法

效果对比 后拉环绕镜头可以增加画面的动感，营造出一种渐入渐出的氛围，让画面主体更加引人注目。效果展示如图 10-36 所示。

图10-36

运镜演示 运镜教学视频画面如图 10-37 所示。

图10-37

第 11 章　人物类运镜实战：《个人情绪短片》

在拍摄人像视频时，运用合适的运镜方式，可以增加视频的亮点，突出主体、表达相应的情绪，以及营造合适的气氛。在拍摄时，还可以用长焦镜头，拍摄出各种景别的分镜头画面，丰富视频内容。在前期拍摄完成后，后期可以进行简单的剪辑处理，比如调色、变速、添加背景音乐等操作，就能制作出精美的个人情绪短片。

11.1 效果欣赏

效果对比 在拍摄人物的时候，可以选择在上午或者下午的时候拍摄，在光线柔和的时间和风景美丽的场景中，才能记录人物最美的一面。效果展示如图 11-1 所示。

图11-1

11.2　脚本设计

在拍摄短视频之前，我们需要进行脚本设计，这样在之后的拍摄中才能胸有成竹。如表 11-1 所示为《个人情绪短片》的短视频脚本。

表11-1

镜号	运镜	画面	设备	时长
1	跟镜头 + 斜线后拉	模特扶着围栏行走	手持稳定器	10s
2	环绕前推镜头	模特看江边风景（动态）	手持稳定器	4s
3	过肩前推镜头	模特看江边风景（镜头）	手持稳定器	6s
4	前景 + 斜侧面跟随	模特在围栏边行走	手持稳定器	5s
5	低角度移镜头	模特上阶梯	手持稳定器	3s
6	前景 + 升镜头	模特坐在阶梯上看风景	手持稳定器	6s
7	前景 + 俯拍跟随镜头	模特走向江边	手持稳定器	5s
8	横移升镜头	模特看江边风景	手持稳定器	7s

在拍摄之前，最好选择天气晴朗的日子进行拍摄，选择背景简洁、风景美丽的拍摄场景也能为视频加分。在运镜拍摄时，需要注意构图，尽量让视频的每一帧画面都完美。

在拍摄模特的时候，要选择模特最上镜的角度和部分进行拍摄。比如，侧脸美，就多拍摄侧面；衣服漂亮，就可以多拍摄一些全景镜头；模特最好不要盯着镜头看，放松表情即可，这样运镜师就可以捕捉人物最美的那一刻。

11.3　分镜头解析

短视频《个人情绪短片》由 8 段分镜头组成，每段分镜头是用不同的运镜方式拍摄而成的，本节将为大家进行分镜头解析。

11.3.1　跟镜头+斜线后拉

效果对比 运镜师在模特的前方跟随模特，在跟随的过程中从模特的斜侧面进行后拉拍摄，全面地展示模特和模特所处的环境。效果展示如图 11-2 所示。

图11-2

运镜演示 运镜教学视频画面如图 11-3 所示。

图11-3

运镜拆解 下面对脚本和分镜头做详细的介绍。

步骤 01 运镜师在模特的前方，从模特的斜侧面跟随拍摄，如图 11-4 所示。

图11-4

步骤 02 在模特前行的时候，运镜师从斜侧面进行后拉拍摄，如图 11-5 所示。

图11-5

11.3.2 环绕前推镜头

效果对比 环绕前推镜头是指在镜头环绕的过程中进行前推，转换拍摄角度的同时前推靠近被摄主体。效果展示如图 11-6 所示。

图11-6

运镜演示 运镜教学视频画面如图 11-7 所示。

图11-7

运镜拆解 下面对脚本和分镜头做详细的介绍。

步骤 01 运镜师在模特的背面拍摄模特的上半身，如图 11-8 所示。

图11-8

步骤 02 镜头从背面慢慢环绕到模特的后侧方，并靠近模特，如图 11-9 所示。

图11-9

步骤 03 镜头继续环绕到模特的侧面，并逐渐靠近模特，如图 11-10 所示。

图11-10

在环绕的时候，可以从模特背面环绕到侧面；也可以从侧面环绕到另一侧面；还可以从正面环绕到背面，每种环绕方式产生的效果是不同的。

11.3.3 过肩前推镜头

效果对比 过肩镜头，又叫拉背镜头，是指隔着一个肩膀取景的镜头。过肩前推镜头则是越过肩膀向前推进，这款镜头不仅可以突出主体，还能使画面有深度。效果展示如图 11-11 所示。

图11-11

运镜演示 运镜教学视频画面如图 11-12 所示。

图11-12

运镜拆解 下面对脚本和分镜头做详细的介绍。

步骤 01 运镜师在模特的背面拍摄模特，如图 11-13 所示。

图11-13

步骤 02 镜头慢慢前推，在前推的时候要越过模特的肩膀，如图 11-14 所示。

图11-14

步骤 03 镜头越过模特的肩膀之后，拍摄模特正面远处的风景，如图 11-15 所示。

图11-15

11.3.4 前景 + 斜侧面跟随

效果对比 以围栏为前景，运镜师在模特的斜侧面跟随模特，不仅能够增强空间距离，还能衬托主体，让视频画面不那么单调。效果展示如图 11-16 所示。

图11-16

运镜演示 运镜教学视频画面如图 11-17 所示。

图11-17

运镜拆解 下面对脚本和分镜头做详细的介绍。

步骤 01 运镜师在围栏的另一侧拍摄模特。如图 11-18 所示。

图11-18

步骤 02 在模特前行的时候，镜头从模特的斜侧面跟随模特，如图 11-19 所示。

图11-19

步骤 03 镜头跟随模特一段距离之后，模特离镜头越来越近，如图 11-20 所示。

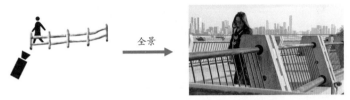

图11-20

11.3.5 低角度移镜头

效果对比 低角度移镜头是把镜头放在低位进行拍摄，在模特上阶梯的时候，可以用低角度移镜头拍摄模特膝盖以下的部分，进行取景。效果展示如图 11-21 所示。

图11-21

运镜演示 运镜教学视频画面如图 11-22 所示。

图11-22

运镜拆解 下面对脚本和分镜头做详细的介绍。

步骤 01 在模特上阶梯时，运镜师找好机位，低角度拍摄模特的下半身，如图 11-23 所示。

图11-23

步骤 02 运镜师一直移镜跟随模特，直到移至前景遮挡的位置，如图 11-24 所示。

图11-24

11.3.6 前景 + 升镜头

效果对比 利用前景做遮挡，然后用升镜头拍摄模特，慢慢揭开帷幕，展示人物主体的全貌。效果展示如图 11-25 所示。

图11-25

运镜演示 运镜教学视频画面如图 11-26 所示。

图11-26

运镜拆解 下面对脚本和分镜头做详细的介绍。

步骤 01 模特坐在阶梯上，运镜师找好前景做遮挡，如图 11-27 所示。

图11-27

步骤 02 镜头慢慢上升，模特渐渐露出真容，焦点聚集在模特身上，如图 11-28 所示。

图11-28

11.3.7 前景 + 俯拍跟随镜头

效果对比 利用围栏做前景，运镜师在高处俯拍模特，在模特前行的时候跟随拍摄，展示不一样的视角画面。效果展示如图 11-29 所示。

图11-29

运镜演示 运镜教学视频画面如图 11-30 所示。

图11-30

运镜拆解 下面对脚本和分镜头做详细的介绍。

步骤 01 运镜师找好机位，以围栏为前景，在高处俯拍低处的模特，如图 11-31 所示。

图11-31

步骤 02 在模特前行的时候，镜头跟随拍摄，如图 11-32 所示。

图11-32

在进行俯拍的时候，如果没有合适的高处与低处区域，也可以选择有坡度的区域，前景可以选择草丛、树木等植被。

11.3.8 横移升镜头

效果对比 横移升镜头由横移镜头和上升镜头组成，镜头先右移，右移之后再上升。在横移的时候，可以选择合适的前景进行遮挡，在上升的时候，画面焦点由模特慢慢放大到模特上半身周围的环境。效果展示如图 11-33 所示。

图11-33

运镜演示 运镜教学视频画面如图 11-34 所示。

图11-34

运镜拆解 下面对脚本和分镜头做详细的介绍。

步骤 01 以江边的野草为前景，运镜师在偏左侧的位置拍摄模特背面，如图 11-35 所示。

全景 →

图11-35

<u>步骤 02</u>　镜头慢慢右移，让模特处于画面中心位置，如图 11-36 所示。

中景 →

图11-36

<u>步骤 03</u>　镜头再慢慢上升，展示模特上半身和周围环境，作为结束镜头，如图 11-37 所示。

中近景 →

图11-37

课后实训：前景 + 跟摇镜头的拍法

效果对比　利用石头做前景，在模特前行的时候，运镜师固定位置跟摇拍摄模特，制作出若隐若现的视频效果，让模特带有一丝神秘色彩。效果展示如图 11-38 所示。

图11-38

运镜演示　运镜教学视频画面如图 11-39 所示。

图11-39

附录　剪映快捷键大全

为方便读者快捷、高效地学习，笔者特意对剪映电脑版快捷键进行了归类说明，如下所示。

操作说明	快捷键	
时间线	Final Cut Pro X 模式	Premiere Pro 模式
分割	Ctrl ＋ B	Ctrl ＋ K
批量分割	Ctrl ＋ Shift ＋ B	Ctrl ＋ Shift ＋ K
鼠标选择模式	A	V
鼠标分割模式	B	C
主轨磁吸	P	Shift ＋ Backspace（退格键）
吸附开关	N	S
联动开关	~	Ctrl ＋ L
预览轴开关	S	Shift ＋ P
轨道放大	Ctrl ＋＋（加号）	＋（加号）
轨道缩小	Ctrl ＋－（减号）	－（减号）
时间线上下滚动	滚轮上下	滚轮上下
时间线左右滚动	Alt ＋滚轮上下	Alt ＋滚轮上下
启用 / 停用片段	V	Shift ＋ E
分离 / 还原音频	Ctrl ＋ Shift ＋ S	Alt ＋ Shift ＋ L
手动踩点	Ctrl ＋ J	Ctrl ＋ J
上一帧	←	←
下一帧	→	→
上一分割点	↑	↑
下一分割点	↓	↓
粗剪起始帧 / 区域入点	I	I
粗剪结束帧 / 区域出点	O	O
以片段选定区域	X	X
取消选定区域	Alt ＋ X	Alt ＋ X
创建组合	Ctrl ＋ G	Ctrl ＋ G
解除组合	Ctrl ＋ Shift ＋ G	Ctrl ＋ Shift ＋ G

操作说明	快捷键	
时间线	Final Cut Pro X 模式	Premiere Pro 模式
唤起变速面板	Ctrl + R	Ctrl + R
自定义曲线变速	Shift + B	Shift + B
新建复合片段	Alt + G	Alt + G
解除复合片段	Alt + Shift + G	Alt + Shift + G

操作说明	快捷键	
播放器	Final Cut Pro X 模式	Premiere Pro 模式
播放 / 暂停	Spacebar（空格键）	Ctrl + K
全屏 / 退出全屏	Ctrl + Shift + F	~
取消播放器对齐	长按 Ctrl	V

操作说明	快捷键	
基础	Final Cut Pro X 模式	Premiere Pro 模式
复制	Ctrl + C	Ctrl + C
剪切	Ctrl + X	Ctrl + X
粘贴	Ctrl + V	Ctrl + V
删除	Delete（删除键）	Delete（删除键）
撤销	Ctrl + Z	Ctrl + Z
恢复	Shift + Ctrl + Z	Shift + Ctrl + Z
导入媒体	Ctrl + I	Ctrl + I
导出	Ctrl + E	Ctrl + M
新建草稿	Ctrl + N	Ctrl + N
切换素材面板	Tab（制表键）	Tab（制表键）
退出	Ctrl + Q	Ctrl + Q

操作说明	快捷键	
其他	Final Cut Pro X 模式	Premiere Pro 模式
字幕拆分	Enter（回车键）	Enter（回车键）
字幕拆行	Ctrl + Enter	Ctrl + Enter